# 上海市装配式建筑优秀案例集
## ——"两提两减"实施项目调研成果

上海市住房和城乡建设管理委员会

上海中森建筑与工程设计顾问有限公司　组织编写

上海天华建筑设计有限公司

中国建筑工业出版社

图书在版编目（CIP）数据

上海市装配式建筑优秀案例集："两提两减"实施
项目调研成果 / 上海市住房和城乡建设管理委员会，上
海中森建筑与工程设计顾问有限公司，上海天华建筑设计
有限公司组织编写 .—北京：中国建筑工业出版社，
2022.11
　　ISBN 978-7-112-27678-3

　　Ⅰ.①上… 　Ⅱ.①上…②上…③上… 　Ⅲ.①装配式
构件—建筑工程—案例—上海 　Ⅳ.①TU3

中国版本图书馆 CIP 数据核字（2022）第 135932 号

本书从作者团队近些年设计完成的 200 多个申报项目中优选出具有代表性的 34 个项目，项目类型涵盖装配式混凝土结构、钢结构、木结构，包括居住建筑、公共建筑（办公、学校、医院、停车场等）、工业建筑。本书将收录的 34 个项目，按其运用的技术及管理措施分为九类，分别为：集成化预制外墙技术、标准化设计技术、减隔震技术、土建 - 内装一体化技术、免模免（少）撑技术、全预制拼装技术、高效（免拆）模板技术、施工管理技术以及数字化建造技术。

本书内容丰富，具有较强的实操性和指导性，可供装配式建筑行业从业人员参考使用。

除特别说明外，书中长度单位均为"mm"，标高单位为"m"。

责任编辑：王砾瑶
责任校对：李美娜


上海市装配式建筑优秀案例集
——"两提两减"实施项目调研成果
上海市住房和城乡建设管理委员会
上海中森建筑与工程设计顾问有限公司 　组织编写
上 海 天 华 建 筑 设 计 有 限 公 司
　　*
中国建筑工业出版社出版、发行（北京海淀三里河路 9 号）
各地新华书店、建筑书店经销
北京雅盈中佳图文设计公司制版
北京同文印刷有限责任公司印刷
　　*
开本：787 毫米 ×1092 毫米　1/16　印张：16　字数：302 千字
2023 年 12 月第一版　2023 年 12 月第一次印刷
定价：58.00 元
ISBN 978-7-112-27678-3
　　（39874）

# 序

## PREFACE

　　绿色发展理念是新发展理念的重要组成部分，也是习近平新时代中国特色社会主义思想的重要内容。党的二十大报告以专门章节提出"推动绿色发展，促进人与自然和谐共生"。如何践行绿色发展理念，实现可持续、高质量发展，对于各行业意义深远。"积极稳妥推进碳达峰碳中和"是新时代新征程落实绿色发展理念的一项重点任务，关乎人民的绿水青山和中国的大国担当。作为实现"双碳"目标的重要阵地，深入推进城乡建设领域"双碳"行动，加快建筑行业转型升级，我们责无旁贷、刻不容缓。

　　近年来，在住房和城乡建设部和上海市委市政府的领导下，上海建筑行业坚持走绿色低碳发展道路，持续加快转型升级，以装配式建筑发展撬动建造方式变革，在促进传统建筑业与工业化、信息化良性互动、深度融合方面创造了上海模式，取得了先行先试经验。目前，装配式建筑在上海新开工建筑中占比已超过90%，土地出让阶段累计装配式建筑落实面积突破 2 亿 $m^2$。装配式建筑产业实现蓬勃发展，建造技术和水平都得到了大幅提升，涌现出一批骨干企业、领军专家和示范项目。

　　但是，面对"双碳"任务和人民城市建设要求，上海在降低建筑全生命周期碳排放，提高建筑品质方面，还有很长的路要走，还有很多难点期待破题。2020 年以来，住房和城乡建设部牵头相关部门先后发布《关于推动智能建造与建筑工业化协同发展的指导意见》《关于加快新型建筑工业化发展的若干意见》等，为推动工程建设环节节能降碳、促进建筑品质提升提供了破题之策。新型建筑工业化是一条以持续深入转变建造方式为基础，融合现代信息技术，通过精益化、智能化生产、施工，全面提升工程质量性能和品质，迈向高效益、高质量、低消耗、低排放目标的发展路径。其与当前上海市委市政府提出的城市数字化转型、开辟绿色低碳新赛道的战略高度契合，或将为建筑行业能级提升创造新的发展机遇。

　　"大道至简，实干为要。"党的二十大已经为中国擘画了新的绿色发展蓝图，城乡建设领域以及上海碳达峰实施方案也为上海城乡建设领域绿色低碳发展提供了基本遵循。作为上海提升绿色低碳建造水平的重要举措，推进新型建设工业化发展势在必行，而深化装配式建筑发展正是其重要基础。为了更好地总结工程实践经验，充分发挥示范引领作用，带动行业整体建造水平提升，上海市住房和城乡建设管理委员会开展了装配式建筑"两提两减"（提高质量、提高效率、减少人工和节能减排）案例梳理，组织上海中森建筑与工程设计顾问有限公司、上海天华建筑设计有限公司等单位编写形成了《上海市装配式建筑优秀案例集——"两提两减"实施项目调研成果》。本书精选34个典型案例，包含多种建筑类型和结构体系，涵盖了9类利于装配式建筑项目实现"两提两减"效果的技术管理措施，值得业内外人士参考和借鉴。

借本书出版发行之际，向在为推进本市新型建筑工业化发展而辛勤工作的同志们表示诚挚的谢意！同时，衷心希望本书的出版能够为促进上海建筑行业转型升级、推动城乡建设领域绿色低碳发展作出一份贡献，让我们的祖国天更蓝、山更绿、水更清。

# 前　言

## FOREWORD

自 2020 年以来，住房和城乡建设部等部门接连发布《关于推动智能建造与建筑工业化协同发展的指导意见》《关于加快新型建筑工业化发展的若干意见》《"十四五"建筑业发展规划》等文件，提出要大力发展智能建造和装配式建筑，推动城乡建设绿色发展和高质量发展。

上海市自 2006 年开始推进装配式建筑以来，截至 2022 年底，土地出让阶段累计装配式建筑落实面积突破 2 亿 m²，装配式建筑在新开工建筑中占比已超过 90%。获评国家级装配式建筑示范项目累计达 33 项，入围上海市建设协会评选的"上海市装配式建筑示范项目"累计 70 个，培育建立了国家级装配式建筑产业基地 12 个，市级装配式建筑产业基地 23 个。2017 年上海市获评全国首批"装配式建筑示范城市"。

随着装配式建筑大规模的实施，装配式建筑在"两提两减"（提高质量、提高效率、减少人工、节能减排）方面的实际情况如何？是否取得了预期成效？有哪些好的技术和管理经验值得推广？为了掌握这些情况，上海市住房和城乡建设管理委员会组织开展了"上海市装配式建筑两提两减发展"课题研究，并委托上海中森建筑与工程设计顾问有限公司和上海天华建筑设计有限公司牵头，组织有关科研、设计、生产和施工单位，共同编写这本《上海市装配式建筑优秀案例集——"两提两减"实施项目调研成果》。本书的编写出版，旨在将一些优秀项目中的一体化设计方法、高效施工技术管理措施、数字化建造技术等进行梳理和总结，以展示上海市装配式建筑"两提两减"的实施效果，促进上海市装配式建筑高质量发展。

本书从近些年设计完成的 200 多个申报项目中优选出具有代表性的 34 个项目，项目类型涵盖装配式混凝土结构、钢结构、木结构，包括居住建筑、公共建筑（办公、学校、医院、停车场等）、工业建筑。本书将收录的 34 个项目，按照其运用的技术及管理措施分为 9 类，分别为集成化预制外墙技术、标准化设计技术、减隔震技术、土建－内装一体化技术、免模免（少）撑技术、全预制拼装技术、高效（免拆）模板技术、施工管理技术以及数字化建造技术。

书中详细介绍了这九项技术及管理措施的实施经验。同时，作为本课题研究的重要组成部分，课题组对上海市装配式建筑"两提两减"情况进行了调研，本书附录对调研情况进行了总结，并给出了提高装配式建筑"两提两减"成效的建议，课题成果可供设计、生产、施工等单位相关人员参考。冀望本书的出版能够为促进建筑业转型升级提供助力，为推动建筑数字化建造和智能建造的发展发挥积极作用。

借本书出版发行之际，向参与本课题的立项、问卷调研、课题评审的各位专家表示衷心的感谢。向项目调研和案例编写过程中给予支持的建设协会，各位专家，以及设计、生产、施工等各环节的工作人员表示诚挚的谢意。最后，向在图书出版过程中给予无私帮助的每位同志表示衷心的感谢。

由于编者水平有限，书中难免有误，恳请各位读者批评指正。

2022 年 3 月

# 目 录

CONTENTS

# 第1章
## 一体化设计

## 1.1 集成化预制外墙

集成化预制外墙实现了围护、保温、窗框、饰面等多种功能的集成，在工厂一次性生产，工地一次安装就位，可有效提高构件质量，减少外墙浇（砌）筑、保温、窗框、饰面安装等多种作业工序，提高施工效率，减少现场工人数量，减少施工现场建筑垃圾排放。

本节几个工程案例的集成化预制外墙分别采用面砖反打、石材反打、夹芯保温、GRC外挂墙板等。具体项目应用如下："万科张江翡翠公园项目"预制外墙采用面砖反打、窗框集成；"大名城紫金九号"预制外墙采用石材反打、窗框集成；"绿地青浦重固波洛克公馆"采用夹芯保温和窗框集成；"上海·宝业中心项目"采用GRC+PC外围护单元幕墙系统。

### 1.1.1 万科张江翡翠公园项目

万科张江翡翠公园项目高层住宅均为装配整体式剪力墙结构。本项目通过土建与装修穿插施工技术，缩短了施工总工期；采用PC剪力墙+面砖反打技术，提高了构件质量，减少了安全隐患，同时也减少了现场人工；采用标准化设计提高了构件复制率、模具重复使用率，降低了工程成本。

**1. 工程概况**

本工程基地位于浦东张江板块，属于商品住宅和商业两用项目，总建筑面积为167419m²，其中地上部分建筑面积138096m²，地下部分建筑面积29323m²，住宅面积占70%，商业面积占30%（图1.1-1）。

本项目包含6个地块，其中，C-11-3、C-11-4地块由8栋高层和6栋多层组成，分2期建设。以12号楼为例，地上18层，层高2.95m，大屋面高度为53.01m。采用125+125户型（3拼），该户型为整个项目中运用比例最高的户型。12号楼结构体系为装配整体式剪力墙结构，南北向采用外挂内浇PCF墙板，东西山墙为预制剪力墙。预制构件分布范围为4层及4层以上，主要预制构件类型有：预制凸窗、预制阳台、预制设备平台板、预制楼梯、预制剪力墙和预制PCF墙板。单体预制率大于25%，满足当时政策要求（图1.1-2）。

**2. 装配式建筑设计**

本项目标准层预制构件平面图如图1.1-3所示，面砖反打外围护构件如图1.1-4所示。

**3. "两提两减"技术措施及成效**

（1）技术措施

1）面砖反打工艺

首次运用PC剪力墙+面砖反打工艺，外墙门窗集成，并通过聚苯乙烯泡沫填充的方式减轻填充墙构件质量，降低塔式起重机性能要求。面砖反打工艺的技术原理是通过面砖背面处理增强其与混凝土的咬合强度，在模具上按照装饰要求排版、固定后，采用混凝土反打一次浇筑成型工艺，使之在混凝土硬化过程中与外墙板混凝土基体紧密结合，达到工厂化批量生产、具有良好的装饰性和耐久性的外墙饰面装饰效果。

外饰面材料选型，根据建筑外立面效果选择合适的面砖，包括面砖的材料、色泽、厚度等，考虑面砖与混凝土基材的咬合度，宜选择背面带燕尾槽的面砖（图1.1-5）。

面砖构件试制作，在大批量构件生产之前，先制作面砖反打小样，进行色差比对、

图 1.1-1　项目效果图

图 1.1-2　项目施工现场

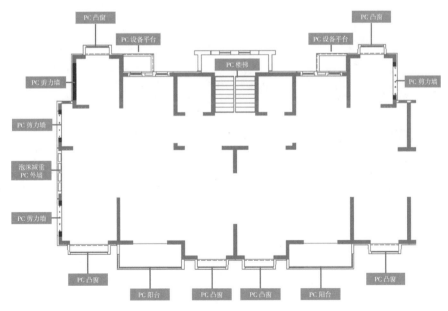

图 1.1-3　标准层预制构件平面布置图

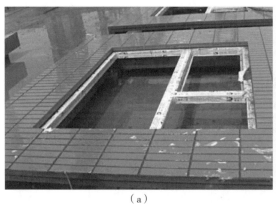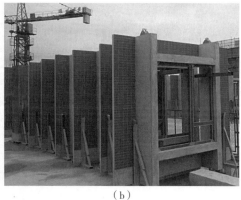

（a）            （b）

图 1.1-4 面砖反打外围护构件

（a）带窗外墙；（b）带面砖的凸窗

图 1.1-5 背面带燕尾槽的面砖     图 1.1-6 面砖试排版

图 1.1-7 面砖反打的生产工艺流程

工序模拟，并对面砖与混凝土面的拉伸粘结强度进行试验，试验合格后方可开展大批量构件生产，如图 1.1-6 所示。

面砖反打构件制作工艺流程（图 1.1-7）如下：面砖选材备货→预制构件模具加

工、钢筋加工→模具在模台上组装、固定→面砖模具内排版、铺贴→面砖拼缝封闭→钢筋绑扎、吊点安装→隐蔽验收→混凝土浇筑、振捣、收光→成型、养护、脱模→面砖表面清洁→构件吊装堆放。

2）标准化设计

PC 户型标准化：整个地块户型标准化程度高，标准模板复制率高；立面简洁，元素归并，风格统一，如图 1.1-8 所示。

PC 构件标准化：在楼梯、阳台、空调板、凸窗等构件的设计上考虑标准化，其中楼梯、设备平台、阳台、凸窗等的重复率超 800 次，大大提高了模具的重复使用率。

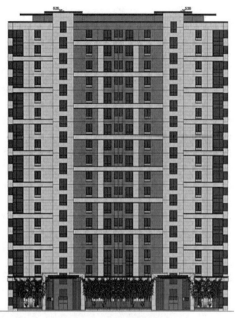

图 1.1-8　立面效果图

利用信息化技术手段，预制构件深化设计图完成后，通过三维可视建模，进行碰撞检测及模拟施工工况。外墙面砖、钢筋及金属预埋件均按实际施工要求排版布置。

3）无外架施工

本项目采用无外架施工工艺（工具式外挂架），组装灵活，安全性高，符合工业化建造的理念，工具式外挂架配合外墙面砖墙体实施，并采取了有效的成品保护措施，避免或减少后续修补，在上海区域属于首次工程运用，如图 1.1-9、图 1.1-10 所示。

采用外挂架，需在预制构件上预埋螺栓或预留螺栓孔，面砖部位控制要点如下：螺栓洞的位置不宜同时与多块面砖关联；螺栓洞处的面砖在 PC 构件时不反打，采用后粘贴的方式；孔洞的封堵应注意防水可靠性；施工顺序为先封堵螺栓孔洞，后粘贴孔洞对应部位的面砖，如图 1.1-11 所示。

PC 构件堆放时，应采用专门的钢靠架进行堆放，根据起吊顺序及相应部位进行系统堆放，保证堆场的有序整齐，以便在吊装过程中能及时找到需要的构件，提高施工效率。

（2）成效

与传统现浇混凝土建筑比较，采用上述技术措施可以在施工提效、提高质量、减少人工、节约造价等方面得到提升，具体如下：

1）施工提效

土建与装修穿插施工（采用设计一体化、采购前置、土建装修一体化等管理手段

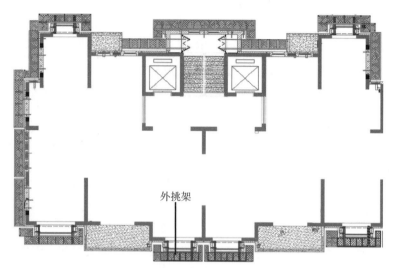

图 1.1-9　标准层三脚外架平面布置图

（a）　　　　　　　　　　　　（b）

图 1.1-10　无外架施工

（a）三脚架（适用于 PC 墙板）；（b）挑架（适用于 PC 凸窗）

与无外架施工、外墙面砖反打、门窗集成等技术手段），总工期比传统现浇标准工期缩短 30% 以上。

2）提高质量

面砖在工厂反打一次成型，与预制构件粘结可靠质量稳定，解决了高层建筑外贴面砖坠落的问题。

3）减少人工

面砖反打，节约现场人工用量约 30%。

4）节约造价

户型标准化程度高，PC 构件标准层复制率高，模具的重复使用率大幅提高（150 次以上），预制构件成本节约 20%。

图 1.1-11　预留螺杆孔部位现场后贴面砖

#### 4. 结论及建议

本项目采用的面砖饰面在工厂反打一次成型，与预制构件粘结可靠且质量稳定，解决了高层建筑外贴面砖坠落的质量通病，同时也大大节省了现场人工用量。建筑设计遵循了标准化设计理念，户型高度标准化使得 PC 构件复制率很高，构件生产模具的重复使用率大幅提高，从而节约了模具摊销成本。通过施工现场土建与装修穿插施工，采用设计一体化、采购前置、土建装修一体化等管理手段，结合无外架施工、外墙面砖反打、门窗框集成等技术手段，项目总工期比传统现浇工期缩短 30% 以上，真正实现了建筑工业化"两提两减"的建设目标。

**项目名称：** 万科张江翡翠公园项目

**项目报建名称：** 万科张江翡翠公园项目

**建设单位：** 上海张江万科房地产开发有限公司

**设计单位：** 上海天华建筑设计有限公司

**装配式技术支撑单位：** 上海兴邦建筑技术有限公司

**施工单位：** 上海建工五建集团有限公司

**构件生产单位：** 上海城业管桩构件有限公司、浙江美信宝筑新型建材科技有限公司

**开、竣工时间：** 2014.8~2016.10

### 1.1.2 大名城紫金九号

本项目采用装配整体式剪力墙结构体系，外墙采用石材反打技术，免抹灰、免外架。该技术提高外围护构件质量的同时，也提高了外饰面的美观性、耐久性，减少了现场用工数量及建筑垃圾，提高了施工效率，最终实现了"两提两减"目标。

#### 1. 工程概况

本项目位于浦东新区唐镇板块，总用地面积61248.5m²，总建筑面积约143543.21m²。采用装配整体式剪力墙结构体系，建筑高度54m，预制率大于30%，满足当时政策要求。主要预制构件类型预制剪力墙、外围护墙、叠合楼板、预制楼梯。其中外围护墙体采用石材反打技术，实现免抹灰、免外架施工。预制范围从一层至顶层。实景图见图1.1-12。

#### 2. 装配式建筑设计

外围护采用一体化技术即石材反打，范围从一层到顶层，其他构件预制从4层开始。该技术实现装饰一体化，同时免去外墙抹灰及落地脚手架，提高效率，减少现场湿作业等。预制构件布置图及部分节点，详见图1.1-13～图1.1-16，现场石材反打见图1.1-17。

图1.1-12 项目实景照片

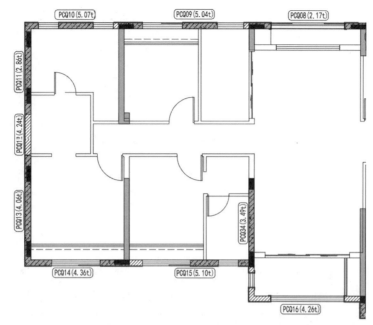

图 1.1-13 外围护预制构件布置图

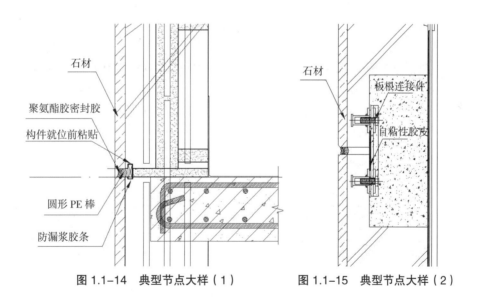

图 1.1-14 典型节点大样（1） 图 1.1-15 典型节点大样（2）

### 3."两提两减"技术措施及成效

项目设计以外围护构件集成即一体化技术，减少现场操作工序和湿作业，降低现场人工使用，提高效率速度为目标，同时兼顾追求居住的舒适度与品位，将"以人为本、科学居住、健康生活"贯穿于设计的全过程。基于上述设计设想，设计中多采用较新且可操作性的技术和材料。

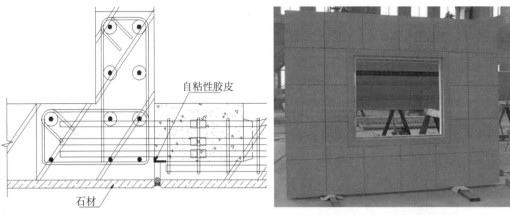

图 1.1-16  典型节点大样（3）　　　　图 1.1-17  现场石材反打

图 1.1-18  石材反打工艺

（1）石材反打

建筑外围护结构采用一体技术即石材反打工艺。即建筑外围护墙采用石材在工厂中与内侧墙体同时浇筑，形成一体化预制构件，建筑立面无需模板和脚手架。石材反打优点是石材位置精准、表面规整、附着牢固、现场施工速度快等。制作主要流程：石材选型—石材背面打孔—安装预埋爪件—石材背面涂界面剂—组模及石材放样—铺设石材—石材缝隙封堵—布置墙板钢筋、浇筑混凝土、冲洗等（图 1.1-18）。

石材反打工艺优势：窗框、饰面与墙体可以一体化预制。第一，石材安装位置精准，水平及竖向缝整齐划一，观感精美，同时表面平整，与基墙连接牢固；第二，减少传统空中湿贴，提高施工速度、质量、增加施工安全；第三，减少传统石材幕墙后挂要做大量龙骨、埋件等，降低造价；第四，石材与基材接触面涂刷了隔离剂，避免石材表面的返碱，同时可以释放石材的温度应力；第五，免抹灰，外墙直接带有饰面，无需另外抹灰，减少湿作业；第六，免外架施工，可减少搭拆脚手架的时间和成本，提高效率。

石材反打技术不仅提高墙体安全性、耐久性、表观美观性，也降低现场建筑垃圾、简化工序，提高施工效率的同时也提高了饰面的建造质量。从而达到"两提两减"的目标。

（2）住宅工业化

本项目所有单体全部实施装配式建筑。施工方面优势：工期短，为穿插施工创造条件，节约总体工期3个月以上；工厂化生产，保证产品质量，结构精度高；施工质量高，免抹灰，不会产生空鼓及渗漏；节能环保，减少施工现场扬尘及污染排放；文明施工，施工现场干净整洁，降低施工噪声；减少现场的湿作业，人工减少的同时也降低建筑垃圾，起到提质增效、降低能耗作用，达到"两提两减"目标。

**4. 结论及建议**

项目采用的是一体化石材反打技术工艺，提高了外墙的施工质量，减少工序，提高现场的施工效率、降低能耗，同时也提高了外墙的品质、耐久性。施工阶段可有效减少现场粉尘、建筑垃圾及建筑噪声，同时大量减少模板的使用，提升了建筑整体质量及使用寿命，实现了节能减排的目的，体现了"两提两减"。

**项目名称：** 大名城紫金九号

**项目报建名称：** 大名城唐镇 D-03-05a 地块项目

**建设单位：** 上海秀驰实业有限公司

**设计单位：** 上海中森建筑与工程设计顾问有限公司

**装配式技术支撑单位：** 上海中森建筑与工程设计顾问有限公司

**施工单位：** 中建海峡建设发展有限公司

**构件生产单位：** 上海住总工程材料有限公司

**开、竣工时间：** 2015.12~2017.12

### 1.1.3　绿地青浦重固波洛克公馆

采用装配式建筑，建筑总面积约 17 万 m²。预制构件主要类型包括夹芯保温外墙、叠合楼板、全预制楼梯、预制内剪力墙。采用新的技术如 SI 分离系统、百年住宅、悬挑脚手架、BIM 技术等。

#### 1. 工程概况

本项目位于青浦区重固镇，总用地面积为 66962.9m²，总建筑面积 169779.93m²，类型有高层建筑、多层花园洋房，室内采用精装交付，采用装配整体式剪力墙结构体系，单体预制率均不小于 40%。主要预制构件为夹芯保温外墙、预制叠合梁、预制叠合楼板、全预制楼梯、预制阳台板、预制凸窗、预制空调板等。采用管线分离的 SI 体系、百年住宅的设计、施工采用悬挑脚手架、BIM 辅助设计及一些智能化系统。项目实景见图 1.1-19。

#### 2. 装配式建筑设计

本工程采用的保温一体化外墙板（即夹芯保温墙板），耐久性、耐火性性能优越，安全性高，防水性能好，同时减少保温层对室内使用空间的影响。本项目也应用其他新技术，如管线分离的 SI 体系、百年住宅的设计、悬挑脚手架、BIM 辅助设计及一些智能化系统。详见图 1.1-20 ~ 图 1.1-23。

图 1.1-19　项目实景图

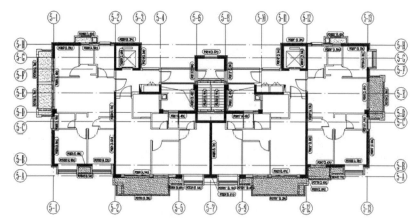

图 1.1-20　标准层平面布置示意图

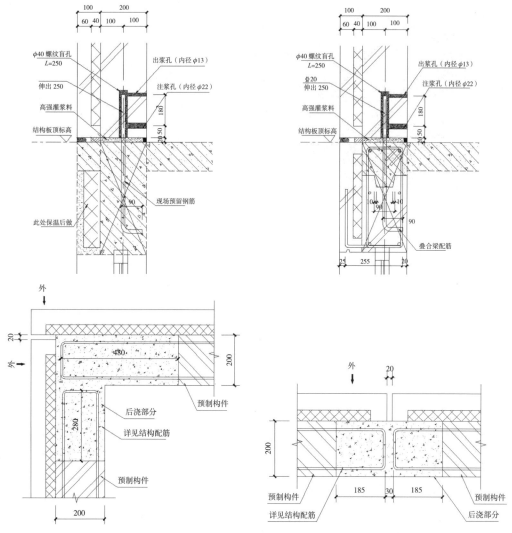

图 1.1-21　外墙典型节点图纸

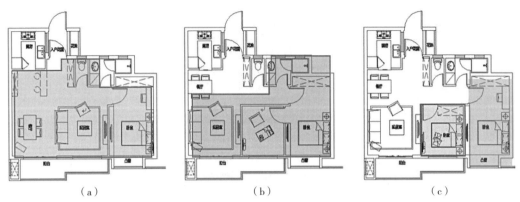

（a）　　　　　　　　（b）　　　　　　　　（c）

图 1.1-22　百年住宅

（a）超大客厅 – 呼朋唤友；（b）宝宝降临 – 细心照顾；（c）宝宝长大 – 独立空间

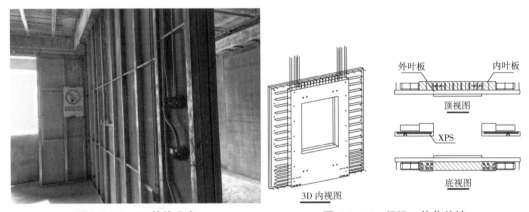

图 1.1-23　SI 管线分离　　　　　　图 1.1-24　保温一体化外墙

### 3. "两提两减"技术措施及成效

本项目设计伊始以提高效率、提高质量，降低建筑垃圾、减少能耗为目标，设计过程中采取了以下措施：

（1）保温一体化外墙

保温一体化外墙板由外叶板、保温层、内叶板在工厂一体成型，现场水平通过局部现浇段连接、竖向通过灌浆套筒连接形成整体。该技术保证了外墙保温层安全性、耐久性、防火性，减少室内空间改造对保温层的破坏。保温一体化墙板集成副框极大增强传统外窗密封性能、降低了渗水风险。同时由于墙体成型尺寸精确、平整度高，可以免抹灰找平、减少人工、增加外架周转次数、减少建筑垃圾，从而达到提高效率、节约能源的目标（图 1.1-24）。

（2）百年住宅设计

百年住宅的建筑设计，主要思路是可变空间的设计，通过采用大板结构、内部无

图 1.1-25　带斜拉杆悬挑脚手架

梁无竖向构件的设计，可以适应在住宅设计使用年限内，因家庭人口数量的变化而对户型内房间数量不同布置的需求。同时该做法模板安装效率高、施工速度快，减少建筑垃圾产生，实现提高效率，减少能耗。见图 1.1-22。

（3）SI 分离体系

该体系的内部隔墙采用轻钢龙骨隔墙、吊顶，设备管线可从隔墙、吊顶空腔内敷设。为后期的房型改造、管线的更换或维修预留空间。减少材料的浪费及碳排放，节约能源。见图 1.1-23、图 1.1-24。

（4）BIM 技术

利用 BIM 技术优势，进行节点钢筋的碰撞检查、管线碰撞及优化布置，从而减少现场施工返工及变更次数，提高建筑施工质量、施工效率，减少材料不必要的消耗。

（5）悬挑脚手架

带有斜拉杆的悬挑脚手架的使用，提高脚手架周转率，减少使用数量，可以做到 3 层一周转，提高经济效益 10% 以上。见图 1.1-25。

### 4. 结论及建议

本项目为上海市较早一批高预制率（预制率 40%）全装修要求的装配式住宅项目，主要采用保温一体化外墙、空间可变设计、SI 管线分离、BIM 技术、斜拉杆悬挑脚手架等技术，可供今后类似项目参考。

　　保温一体化外墙由于其保温、外围护墙体工厂一体制作，现场安装。可以提高外墙的质量、现场施工效率、减少建筑垃圾排放、减少人工，对于目前的提质增效、节能减排仍可以发挥重要作用。

**项目名称：** 绿地青浦重固波洛克公馆

**项目报建名称：** 青浦重固镇福泉山路南侧 16-02 地块普通商品房项目

**建设单位：** 上海绿地青迈置业有限公司

**设计单位：** 上海中森建筑与工程设计顾问有限公司

**装配式技术支撑单位：** 上海中森建筑与工程设计顾问有限公司

**施工单位：** 舜杰建设（集团）有限公司

**构件生产单位：** 上海良浦住宅工业有限公司

**开、竣工时间：** 2016.7~2019.9

### 1.1.4　上海·宝业中心项目

上海·宝业中心为多层办公楼，由 A、B、C 三栋组成，项目地上 5 层，功能主要为办公，地下 2 层，地下一层设置下沉式广场，地下二层为车库。外墙集成采用 GRC+PC 外围护单元系统，集保温、防水、围护、泛光等功能于一体。地下空间采用双面叠合剪力墙结构体系，构造做法等同现浇，保证了良好的防水和结构性能。以上做法有效提高工程质量和建筑整体效果，为实现项目"两提两减"做出了贡献。

#### 1. 工程概况

上海·宝业中心位于上海虹桥商务区核心区，项目总建筑面积 25000m²，品字形布局三栋建筑主体并通过连廊连接，办公空间、休闲配套、屋顶花园、园林景观相得益彰。外墙集成采用单元式 GRC 外墙系统，地下空间采用预制双面叠合剪力墙结构体系；运维集成一系列建筑环保节能技术（图 1.1-26）。

本项目获得 LEED 金级认证、LEEDO+M 铂金级认证、国标绿建三星（设计 + 运营）、全国绿建创新奖二等奖、Archilovers 最佳项目、2018 Best of Year Awards 全球室内设计大奖、美国 AAP 建筑设计综合大奖、WAAward（世界建筑奖）、艾鼎国际设计大奖等一系列奖项。

#### 2. 装配式建筑设计

项目外围护由 GRC+PC 外围护（带固定窗）与幕墙组成，外圈为 GRC+PC 单元板块

图 1.1-26　实景图

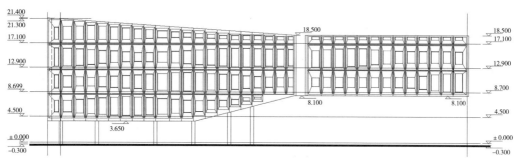

图 1.1-27 建筑立面图

所组成，最高高度为 22.8m，内圈为玻璃幕墙。

GRC+PC 外围护单元系统由以下部分组成，GRC+PC 单元外壳，固定窗加手动通风器，背负钢架，一次等压腔防水系统，二次防水保温及防火体系，三维调节连接组合等组成（图 1.1-27 ~ 图 1.1-29）。

项目地下车库采用双面叠合剪力墙结构体系，由叠合墙板和叠合楼板，辅以必要的现浇混凝土剪力墙、边缘构件、梁、板，共同形成的剪力墙结构。如图 1.1-30、图 1.1-31 所示。

**3."两提两减"技术措施及成效**

（1）技术措施

1）GRC+PC 外围护单元系统

GRC+PC 墙板具有 GRC 的表面特性和各

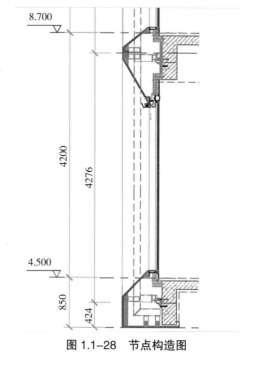

图 1.1-28 节点构造图

类强度、重量上的优点，局部采用传统 PC 墙板的技术加以加固，可以形成较大面积的独立单元。

a. GRC+PC 外围护单元系统技术是同窗系统连接在一起的，共同组成独立单元。

b. GRC+PC 系统，防水上采用了单元式幕墙上用的等压腔原理进行防水，而不完全依靠打胶，这是首次在类似项目上使用。

c. 具有二次防水、防火、保温的构造，使其在整体性能上有所提高，详见图 1.1-32~ 图 1.1-34。

d. 连接方式具有三维调节能力，这也是以前类似系统所不具备的，详见图 1.1-35。

e. 单元墙板之间通过具有平面内变形能力的支座及留有合适宽度的变形缝构造，

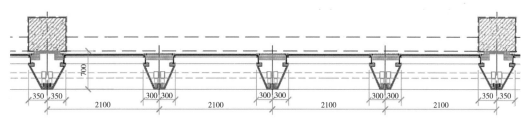

图 1.1-29  节点构造图

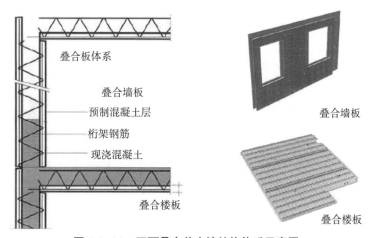

图 1.1-30  双面叠合剪力墙结构体系示意图

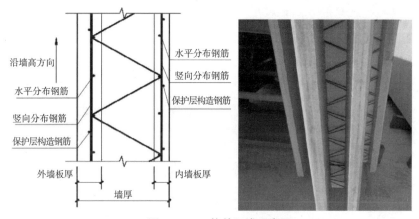

图 1.1-31  构件组成示意图

可充分释放温度应力或地震造成的外应力。

f. 材料性能优良，表面无需其他装饰即呈现出天然洞石的效果。且由于在表面处理上用了憎水剂和防水剂，其防水防污能力极强。

g. GRC+PC 单元模块，共有多种不同的尺寸，为了保证工厂化生产的顺利进行，

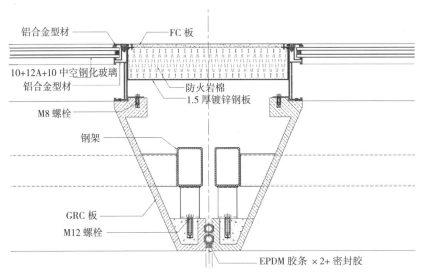

图 1.1-32　节点构造图

图 1.1-33　工厂预制及现场吊装

在模具上第一次采用了 CNC（数控铣削中心），对基础木模组成的模坯进行了多次切削成型的先进技术，使一副模具可以制作出不同形状的多个单元板。

而在项目设计初期，单元板的模数化设计，减少外尺寸变化，通过窗洞尺寸的调

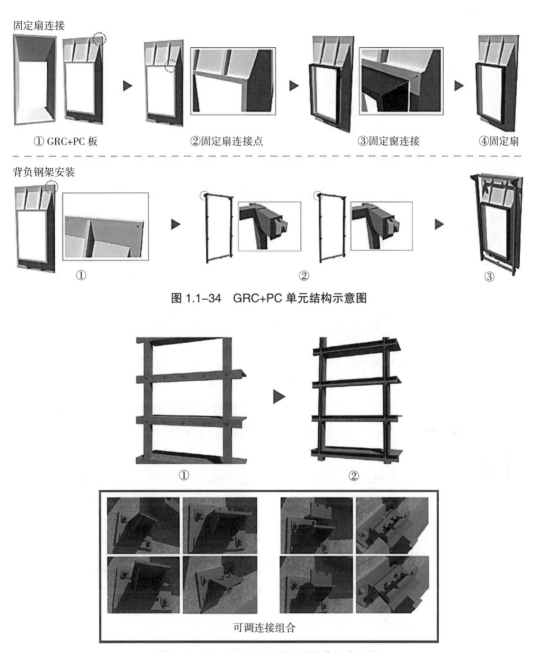

固定扇连接

①GRC+PC板　　②固定扇连接点　　③固定窗连接　　④固定扇

背负钢架安装

①　　②　　③

图 1.1-34　GRC+PC 单元结构示意图

①　　②

可调连接组合

图 1.1-35　GRC+PC 单元可调节组合示意

整，形成以水波为元素的建筑立面意向，同时将建筑底层局部架空，以形成桥的空间，来呼应宝业集团发源地杨汛桥的设计灵感，详见图 1.1-36。

2）装配式地下车库

本项目地下车库采用双面叠合剪力墙结构体系，结构合理且整体性好，钢筋连接可靠。施工简便，钢筋连接费用低，从而降低施工成本。构件通过自动化流水线生产，

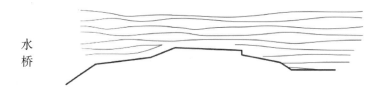

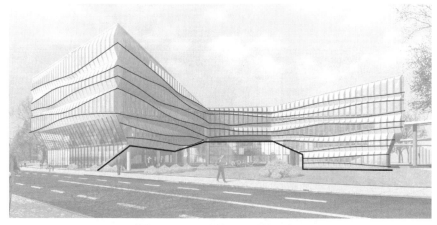

图 1.1-36　建筑立面设计理念

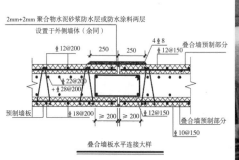

图 1.1-37　墙板水平连接——节点图及安装图

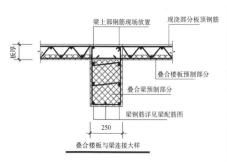

图 1.1-38　楼板与梁连接——节点图及安装图

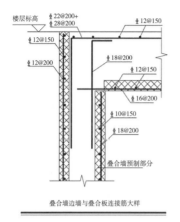

图 1.1–39　墙板与顶板连接——节点图及安装图

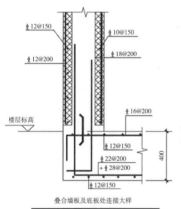

图 1.1–40　墙板与底板连接——节点图及安装图

尺寸精度高、质量稳定性高，拥有重量轻、施工安装便捷等优势。在生产和施工阶段都实现工作效率提升、减少损耗、节约劳动力资源，从而提升整体工程进度，充分体现了建筑工业化、集成化的优势（图 1.1–37 ~ 图 1.1–40 ）。

　　3）智慧办公

　　项目具备三个大系统，分别是基于智能楼宇集成管理系统（IBMS）的可视化智能管理平台、基于智能中控的音视频会议系统、基于华为网络服务的计算机网络系统（图 1.1–41 ）。

　　其中可视化智能管理界面是基于智能楼宇集成管理系统（IBMS），提供开放式的集成平台，集成多种智能控制系统，作为末端智能化统一指挥平台，为不同的控制系统提供统一的控制界面，并具备应急指挥和全局综合管控功能，直接在可触控可缩放的电子地图中直接查看各类设备的状态及视频影像，并可依照标准操作流程（SOP）产生对应的事件处理工作流，为不同的控制系统提供统一管理，提高建筑人力资源应用效率，达成智慧指挥调度的目的（图 1.1–42）。

（2）成效

1）缩短生产周期，双面叠合墙板和楼板基于流水线的自动化生产，缩短了 30% 左右的制造周期，切实保证项目高质高效交付。

2）提高构件生产及安装质量，通过标准化的工作流程及可调节连接构造，优化提升了生产效能，降低了现场施工安装难度，减少了各阶段能源和材料的浪费。

3）施工提效，双面叠合墙板和楼板在工厂预制，现场安装，部分线管、线盒已预埋入墙内，大大提高了现场施工速度，节省工期达到 31%。

图 1.1–41　系统架构示意图

图 1.1–42　可视化页面示意图

4）降低能耗，经比对项目能耗账单数据与上海市办公建筑单位面积年耗电量可知，项目实际运行能耗值比同类型建筑合理用能指标降低达到 50%。

## 4. 结论及建议

本项目采用的预制 GRC+PC 外围护单元系统自身带有保温和两层防水，支撑系统可三维调节。一体化集成预制外墙的设计具有质量轻、强度高、造型多样、环保、防火、防水、抗污、施工便利等优点。并通过 CNC（数控铣削中心）技术，减少了模具数量，有效降低成本、缩短工期、减少模板废弃物，为项目实践"两提两减"起到了关键性作用。通过本项目的落地实践可以看出，立面工业化未必是千篇一律的表达，可以通过组合模具的方案优化设计，高效、低排放地实现建筑立面的多样化。

地下车库采用双面叠合剪力墙结构体系，该体系可有效减少支模工序及模板使用、提高基坑回填速度、降低降水周期和成本、解决地库漏水等问题。且通过数字化设计、自动化生产能大大提升管理水平，提高产品质量，缩短生产周期，降低生产成本，未来也可在地下室、地下车库、地下综合管廊等领域综合应用。

**项目名称：** 上海·宝业中心
**项目报建名称：** 虹桥商务区核心区南片区 02 地块办公楼项目
**建设单位：** 上海紫宝实业投资有限公司
**设计单位：** 杭州零壹城市建筑咨询有限公司
**装配式技术支撑单位：** 上海紫宝住宅工业有限公司
**施工单位：** 上海紫宝建设工程有限公司
**构件生产单位：** 上海宝岳住宅工业有限公司
**开、竣工时间：** 2013.7~2017.12

## 1.2 标准化设计

标准化设计包括典型模块单元的标准化、建筑平立面的标准化、部品部件的标准化、构件及连接的标准化等。通过标准化设计可减少构件种类，提高模具重复利用率，实现工业化生产的规模化效应，降低能源和材料消耗。

本节的几个案例中，"李尔亚洲总部大楼"项目采用标准化柱网、标准化框架梁柱尺寸、标准化预制双 T 板构件；"上海普洲电器新建厂房项目"采用标准化框架梁柱尺寸，标准化出筋形式；"上海宇寰实业发展有限公司扩展车间"采用标准化预制双 T 板构件和预制梁；"漕河泾开发区赵巷园区一期项目 –A2–01、03 地块"采用标准化柱网和标准化预制双 T 板构件。

### 1.2.1 李尔亚洲总部大楼

李尔亚洲总部大楼为上海市内环线内首栋采用预制双 T 板的装配式高层办公楼，装配式结构设计综合了预制和预应力的优势——框架结构平面布置灵活，建筑使用空间大；采用预制双 T 板承载力高、经济性好，板底免模免支撑，最终实现了"提高质量、提高效率、降低成本、减少人工"的设计目标。

**1. 工程概况**

本项目位于上海市杨浦区，总用地面积为 7961.8m²，总建筑面积为 28599.75m²，地上建筑面积为 19868.07m²，地下建筑面积为 8731.68m²。建筑平面采用裙房 + 主楼的形式，裙房东西长 64.4m、南北长 48.3m；主楼范围平面尺寸 53.5m×27.8m，建筑高度 55.3m，一、二层层高为 8.5m，三~十一层层高为 4.2~4.61m。李尔亚洲总部大楼采用装配整体式框架 - 现浇剪力墙结构体系，采用的预制构件类型为：预制柱、预制梁、预制双 T 板、预制楼梯。单体预制率大于 40%（图 1.2-1）。

**2. 装配式建筑设计**

本项目标准层建筑平面图如图 1.2-2 所示。

图 1.2-1 效果图

本项目标准层预制双 T 板平面布置图如图 1.2-3 所示，预制构件应用如图 1.2-4 所示。

### 3."两提两减"技术措施及成效

本项目实施过程中，采用了标准化设计和免模免支撑的预制双 T 板的技术措施，并取得相应成效。

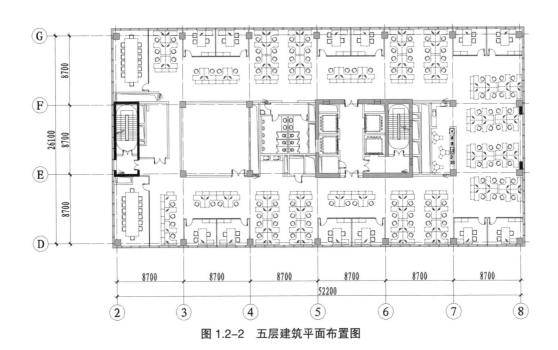

图 1.2-2　五层建筑平面布置图

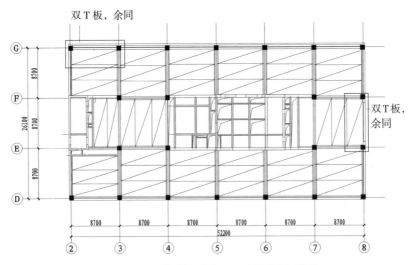

图 1.2-3　标准层预制双 T 板平面布置图

（1）标准化设计

平面梳理：调整核心筒布置，保证柱网开间规整，标准层柱网均为 8.7m×8.7m，体现了标准化模块化的单元设计理念；框梁双向正交布置，避免梁斜向布置、出现异形板，次梁单向布置，避免井字、十字布置，实现构件的标准化设计；主梁除外围平柱边外，中间梁尽量居柱中布置，方便后续节点钢筋避让（图 1.2-5）。

立面梳理：一层、二层为实验室，结构层高为 8.5m，柱截面 900mm×900mm，

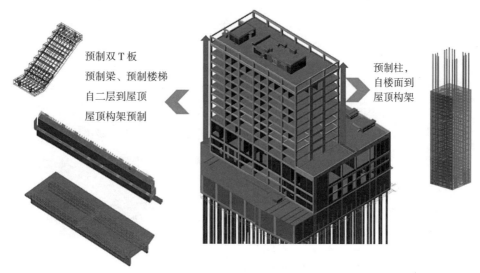

预制双 T 板
预制梁、预制楼梯
自二层到屋顶
屋顶构架预制

预制柱，
自楼面到
屋顶构架

图 1.2-4 预制构件应用情况

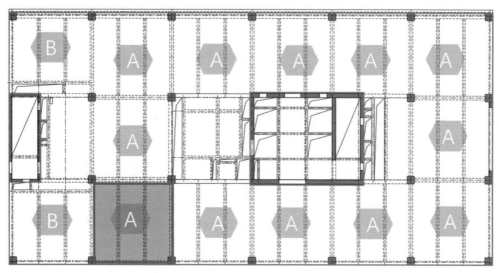

图 1.2-5 平面标准化设计

不预制；标准层（办公区域）层高主要为4.2m，柱统一为800mm×800mm，截面无收进变化，保证了预制柱的复制率（图1.2-6）。

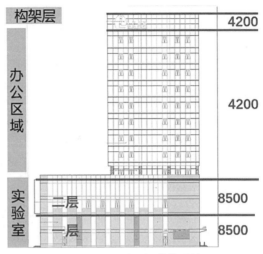

图 1.2-6　立面标准化设计

按装配式设计理念，结构平面尽量避免布置次梁，框架梁尽量居轴线中布置，垂直梁方向梁高设置不小于100mm的高差，便于节点钢筋的排布。柱在裙房以上（即预制高度范围内）无截面收进，保证构件最大程度的标准化，一方面节约了模具成本，另一方面也便于工厂生产和现场安装。

结构构件配筋按"大直径、少根数、少种类"的原则；尽量减少进节点的钢筋数量——如梁底主筋外排伸入节点，第二排不伸入或少伸入，构造腰筋不伸入梁柱节点，受扭钢筋在配筋图明确表达并考虑进节点。

预制柱纵筋采用套筒灌浆连接，在模型计算时，需考虑套筒对钢筋保护层的影响；在裙房屋面，存在立面收进，结构设计采取相应措施（增加叠合现浇层厚度、提高配筋率等）加强立面收进部位的抗震性能。

（2）预制双T板

本项目设计之初曾采用三种楼盖布置方案进行比选：双次梁+叠合板出筋密拼、单次梁+叠合板不出筋密拼、预制双T板底板密拼。三种楼盖布置方案对比如表1.2-1和表1.2-2所示。

经过综合比对，结果表明在同样的楼盖面积下，预制双T板底板密拼方案构件总数大幅减少，没有次梁后浇段现场施工、主梁后浇段隐患、叠合板出筋碰撞等一系列问题，预制双T板四周没有出筋，大大节约安装作业时间，施工效率高；从经济效益上，预制双T板也为本项目的"最佳选择"。图1.2-7为预制双T板现场吊装图。

最终采用预制双T板底板+60mm现浇层的楼盖方案。三层至屋面层的标准柱跨内放置3块预制双T板，板宽为2.7~2.8m，肋距1.50m，肋高450mm。由于地上两层结构使用荷载较大（达到20kN/m²），二层预制双T板的截面为800mm高，端部肋高为450mm，同时不影响净高。

本项目采用预制双T板、全预制柱、预制叠合梁和预制楼梯后，相对于传统现浇

**三种楼盖的布置方案**　　　　　　　　　　　　表 1.2-1

| 方案 | 方案一<br>双次梁 + 叠合板<br>出筋密拼 | 方案二<br>单次梁 + 叠合板<br>不出筋密拼 | 方案三<br>大跨预应力混凝土<br>预制双 T 板底板密拼 |
|---|---|---|---|
| 板厚 | 60mm 底板<br>+60mm 现浇层 | 60mm 底板<br>+100mm 现浇层 | 60mm 预制底板<br>60mm 叠合层 |
| 梁系 | 双次梁，截面 250mm×700mm<br>主次梁连接铰接（牛担板） | 单次梁，截面 300mm×750mm<br>主次梁连接铰接（牛担板） | 两道次梁，次梁截面<br>250mm×700mm |
| 典型布置 | 出筋密拼叠合板，余同 | 不出筋密拼叠合板，余同 | 双 T 板，余同 |

**三种楼盖方案对比**　　　　　　　　　　　　表 1.2-2

| 方案 | 方案一<br>双次梁 + 叠合板<br>出筋密拼 | 方案二<br>单次梁 + 叠合板<br>不出筋密拼 | 方案三<br>大跨预应力混凝土<br>预制双 T 板底板密拼 |
|---|---|---|---|
| 预制内容 | 6 块叠合板 +2 根叠合次梁 | 6 块叠合板 +1 根叠合次梁 | 3 块底板 |
| 预制构件体积 | 叠合板量 4.0m³<br>次梁 2.52m³ | 叠合板量 4.1m³<br>次梁 1.51m³ | 预制双 T 板总量 5.82m³<br>主梁挑耳 0.75m³ |
| 成本分析 | 4.0×3600+2.52×4400=25488 元 | 4.1×3600+1.51×4400=21404 元 | 5.82×2500+0.75×4000=17550 元 |
| 支撑方式 | 梁和板均需要搭设支撑 | 梁和板均需要搭设支撑 | 梁需要，底板不需要 |
| 分项吊装时间 | 叠合板单块 1.7t，吊装时间 15min；次梁重 3.2t，吊装时间 20min | 叠合板单块 1.7t，吊装时间 15min；次梁重 3.8t，吊装时间 20min | 单块 5t，吊装时间 15min |
| 综合吊装时间测算 | 吊装时间 =6×15+2×20=130min | 吊装时间 =6×15+1×20=110min | 吊装时间 =3×15=45min |

混凝土结构，本项目现场模板用量减少约 50%，现场人工用量减少约 40%，固体垃圾减少量达 60% 以上，现场用水、用电量减少约 30%。

### 4. 结论及建议

通过工程实践，可以看出，预制双 T 板是一种结构效率很高的预制构件，可以充分发挥混凝土和高强预应力筋的材料强度。其构件标准化程度高，极大地提高了生产效率、节约了生产成本；其构件四边不伸出筋、标准跨内无次梁，大幅提升了现场吊装效率。

（a） （b）

**图 1.2-7 预制双 T 板现场吊装图**
（a）吊装过程；（b）吊装完毕

　　本项目是预制双 T 板作为叠合楼盖底板在高层框架 - 现浇核心筒结构中的成功应用案例，可为后续类似项目的应用提供借鉴。

**项目名称：** 李尔亚洲总部大楼

**项目报建名称：** 平凉路 73 街坊李尔亚洲总部大楼项目

**建设单位：** 上海杨浦创科置业有限公司

**设计单位：** 同济大学建筑设计研究院（集团）有限公司

**装配式技术支撑单位：** 上海天华建筑设计有限公司

**施工单位：** 上海城建市政工程（集团）有限公司

**构件生产单位：** 苏州建国建筑工业有限公司、上海龙哲混凝土制品有限公司

**开、竣工时间：** 2017.4~2019.6

### 1.2.2　上海普洲电器新建厂房项目

本项目是上海市第一个装配式建筑 EPC 设计管理项目，也是"十三五"国家重点研发计划的绿色建筑，同时还是建筑工业化重点专项项目示范工程。该工程采用装配整体式框架结构，建筑结构设备装配 BIM 等各专业采用一体化设计，预制构件采用构件截面尺寸标准化设计，大大减少了预制构件的类型，便于提高工程设计、制作、安装的效率，减少了模具类型数量、施工工作量，同时，还能减少后期混凝土及模板废弃物；有效提高工程质量，最终实现项目"两提两减"。

**1. 工程概况**

本项目位于上海市青浦区，地块性质为工业用地，总用地面积为 6394.40m²，总建筑面积为 13337.62m²，其中地下一层为停车库，地上建筑为 1~3 号楼及门卫共四个子项，均为钢筋混凝土框架结构，抗震设防烈度为 7 度，框架抗震等级为三级。其中 1、2 号楼为地上 5 层的丙类厂房，地下 1 层。地上部分为装配整体式框架结构，预制构件类型包括预制框架柱、预制框架梁、预制次梁、预制密拼叠合板、预制楼梯等，单体预制率不小于 40%。图 1.2-8 为本项目 1、2 号楼实景图。

**2. 装配式建筑设计**

本项目在设计阶段充分考虑装配式建筑的特点，采用标准化设计理念，统一预制柱、梁和叠合板等构件的截面尺寸。框架柱采用 2 种截面尺寸，其中内部柱的截面尺

图 1.2-8　1、2 号楼实景图

寸为 600mm×600mm，外柱和角柱的截面尺寸为 600mm×800mm。框架主梁采用单一尺寸梁，截面尺寸为 400mm×700mm。次梁采用单方向截面为 300mm×500mm 的单根次梁的布置，避免了十字梁或者井字梁等不利于预制构件的设置。叠合板采用无现浇带的密拼技术，选定 2500mm 板宽为基本板宽来进行叠合底板的标准化布置。图 1.2-9 为建筑二~五层平面图，图 1.2-10 为结构三、五层模板图，图 1.2-11 为装配三层、五层预制构件布置图。

本项目预制梁柱核心区节点采用后浇混凝土，主次梁节点为钢牛腿＋现浇叠合，楼板与梁节点为现浇叠合。图 1.2-12 为装配节点构造。

一体化设计是本工程的另一特点。建筑、结构、机电、内装等全专业深度融合并采用 BIM 技术，利用 PKPM-BIM 对项目的设计方案进行数字化仿真模拟，建立其建筑大模型，结合功能、规范、目标造价要求，对功能布置、建筑材料及工程工艺进行了针对性优化，有效地降低成本，达到选择最优的工程设计方案；利用机电模块进行室内净高优化，对精装点位设置、管线预埋、钢筋埋件等部位进行碰撞检查，规避常规各专业独立设计带来的碰撞问题，提高设计的可实施性；精确统计项目的建筑面积、工程量及预制构件的体积及重量，指导预制率和装配率的计算。图 1.2-13 为一体化建筑模型。

### 3."两提两减"技术措施及成效

本项目各阶段的标准化设计及融合装配特点的一体化设计，可以简化建筑结构装配等设计，能够减少及简化项目工程量，简化预制构件的制作安装，降低施工成本，

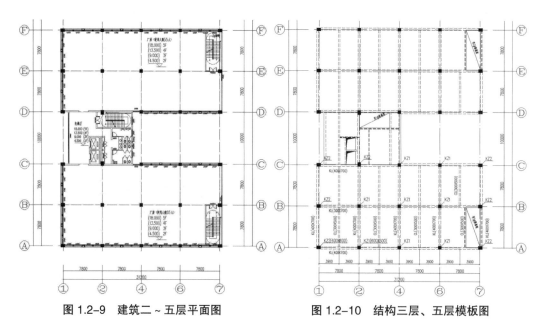

图 1.2-9　建筑二~五层平面图　　　　图 1.2-10　结构三层、五层模板图

缩短工期，减少环境污染，具体表现在以下方面。

提高效率，本工程采用的构件标准化，减少了截面类型与种类，提高了设计效率；密拼叠合板免模设计，减少了模板工程，减少了钢筋绑扎工作，也提高了施工效率。各专业 BIM 的融合一体设计，规避了常见的大部分碰撞问题，减少了现场施工的反复与变更，提高了施工效率。以上从设计、制作到施工方面，有效提高了工业化建造效率。

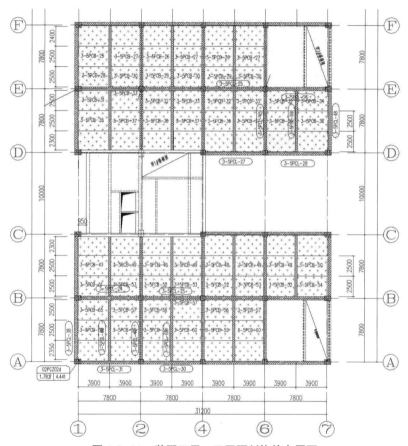

**图 1.2-11 装配三层、五层预制构件布置图**

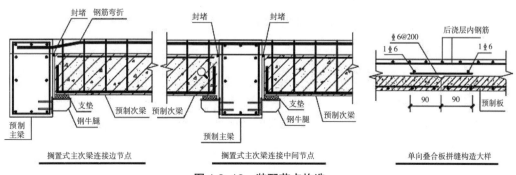

**图 1.2-12 装配节点构造**

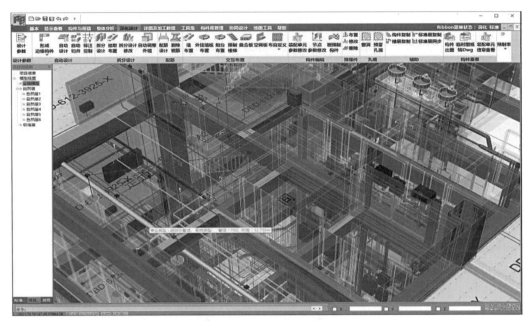

图 1.2-13　一体化建筑模型

提高质量，标准化构件及全专业 BIM 技术应用，减少了现场施工由于专业间的错漏碰缺造成的拆改概率，有效保障建设质量的提高；工程建造中，工业化构件类型少，数量多，工业化重复生产带动了质量的提高，工人们工作熟能生巧，可以在重复的操作下及时改进加强措施，也能提高构件制作质量及安装质量。

减少人工，主次梁采用钢牛腿连接，密拼叠合板的采用有效简化了安装工程量，有效减少土建钢筋工（绑扎钢筋）、木工（模板工程）及混凝土工人（浇筑混凝土）的工日。同时，由于构件的标准化，施工的熟练程度的提高，以及单向次梁数量的减少，也间接减少了施工的工日。

减少垃圾废弃物，简约的次梁布置减少了次梁数量，既减少了构件制作定的模具，也减少了现场混凝土量及模板量；主次梁简单钢牛腿连接，密拼板的采用，也减少了现场的部分模板工程量，从而使得混凝土及模具废弃物量相较传统项目分别减少 5%、6% 左右。

### 4. 结论及建议

本项目采用装配式建筑结构框架体系进行设计，基于构件标准化、各专业融合的一体化设计理念，采用 BIM 技术，优化了各专业成本，优化了设计各环节的设计方案，减少了各专业工作量，有效降低工程成本，达到最优的工程设计，保障了建筑工程质量；预制构件少类型、多单一数量的做法，使得构件制作规模化工业化提高、构件制作模具减少，在提高施工工程质量的同时，有效减少现场人员工日及施工工作量，并能够减少后期混凝土及模具模板废弃物。建议在以后的项目实践中，深入探讨外挂墙板的使用，从采用密拼楼板进一步采用免撑楼板，从而能更好地实现项目"两提两减"的目标。

**项目名称：**上海普洲电器新建厂房项目

**项目报建名称：**上海普洲电器有限公司新建厂房

**建设单位：**上海普洲电器有限公司

**设计单位：**上海中森建筑与工程设计顾问有限公司

**装配式技术支撑单位：**上海中森建筑与工程设计顾问有限公司

**施工单位：**南通二建集团有限公司

**构件生产单位：**上海大禹构件有限公司

**开、竣工时间：**2016.10~2019.6

### 1.2.3 上海宇寰实业发展有限公司扩展车间

上海宇寰实业发展有限公司扩展车间项目由于柱网规整，采用的预制框架梁和预制双 T 板规格较少，标准化程度高，可提高生产效率，降低能源消耗。本项目的预制装配式技术方案可推广应用于办公、商业、物流仓储、厂房等建筑类型。

#### 1. 工程概况

本项目位于上海市嘉定区。项目主要功能为工业厂房，为生产变速器的生产车间。单体地上三层，总高度 23.00m，建筑面积为 26494m²。平面轮廓为 109m×75m，平面未设缝，各层层高为 10.0m+6.8m+6.2m，典型柱网尺寸 9m×15m。结构体系为装配整体式框架结构体系。采用的预制构件类型为：预制框架梁、预制双 T 板和预制楼梯。单体预制率大于 40%（图 1.2-14）。

#### 2. 装配式建筑设计

本项目三层梁结构平面图如图 1.2-15 所示。

图 1.2-14　效果图

本项目主要预制构件有预制框架梁、预制双T板和预制楼梯，其中，三层梁预制构件平面布置图如图1.2-16所示，三层预制双T板平面布置图如图1.2-17所示。

### 3."两提两减"技术措施及成效

本项目实施过程中，由于柱网规整，采用了标准化设计，产生了相应成效。

本项目平面规则，采用柱网标准化设计，X向的柱距均为9m，Y向的柱距均为15m。标准柱跨内均可布置三块长度为14.5m的预制双T板（图1.2-18），预制双T板的类型少，实现部品部件标准化。

X方向框架梁采用预制预应力框架梁（预制梁截面尺寸为450mm×1050mm和345mm×1050mm），按照施工阶段无支撑工况设计，设置挑耳用于搁置预制双T板，Y方向采用普通框架梁（预制梁截面尺寸为400mm×950mm）。梁柱构件的主要截面尺

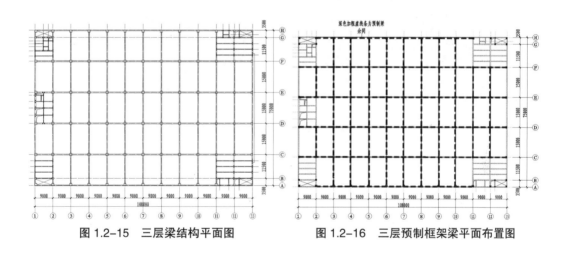

图1.2-15 三层梁结构平面图    图1.2-16 三层预制框架梁平面布置图

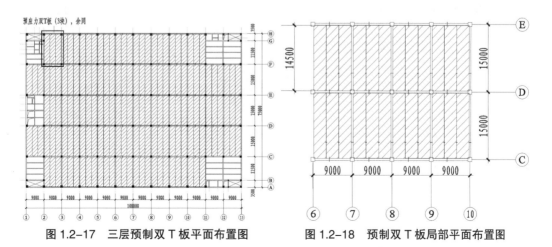

图1.2-17 三层预制双T板平面布置图    图1.2-18 预制双T板局部平面布置图

寸类型如图1.2-19、图1.2-20所示，从图中可以知道，梁柱主要截面尺寸的类型较少，结构构件和连接节点标准化程度高，实现了"标准化设计"的工业化建造方式。

本项目的所有预制构件均可采用免模少撑的施工方式，如图1.2-21所示。

### 4. 结论及建议

本项目由于柱网规整，预制框架梁（数据支撑）和预制双T板规格少，标准化程度高，可提高生产效率，降低能源消耗。

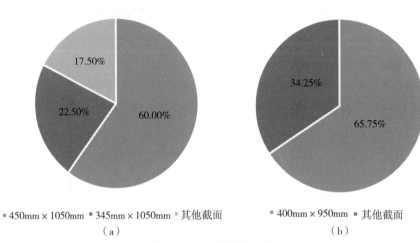

■ 450mm×1050mm ■ 345mm×1050mm ■ 其他截面
（a）

■ 400mm×950mm ■ 其他截面
（b）

**图1.2-19　梁构件占比**
（a）X向梁构件；（b）Y向梁构件

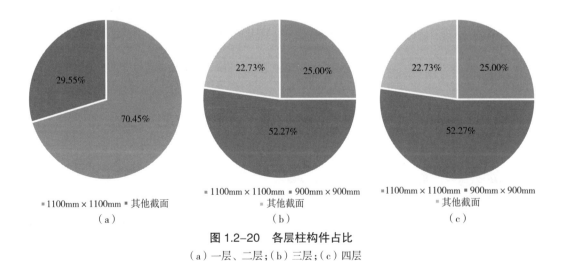

■ 1100mm×1100mm ■ 其他截面
（a）

■ 1100mm×1100mm ■ 900mm×900mm ■ 其他截面
（b）

■ 1100mm×1100mm ■ 900mm×900mm ■ 其他截面
（c）

**图1.2-20　各层柱构件占比**
（a）一层、二层；（b）三层；（c）四层

图 1.2-21　项目现场图

**项目名称：**上海宇寰实业发展有限公司扩展车间

**项目报建名称：**上海宇寰实业发展有限公司扩展厂房项目

**建设单位：**上海宇寰实业发展有限公司

**设计单位：**上海天功设计有限公司

**装配式技术支撑单位：**上海天华建筑设计有限公司

**施工单位：**南通四建集团有限公司

**构件生产单位：**江苏天太特种混凝土制品有限公司

**开、竣工时间：**2018.5~2019.5

### 1.2.4 漕河泾开发区赵巷园区一期项目 –A2–01、03 地块

该项目主要建筑功能为办公,在实施过程中与建筑专业充分沟通协调,践行标准化、一体化理念,实现上部建筑形体尽可能协调统一,柱网规整化;结构设计中采用大跨度预制预应力双 T 板,实现了免模免支撑;优化构件截面,合理布置梁柱钢筋,简化主体结构连接节点;在设计和施工全过程运用 BIM 技术协助设计施工。通过上述一系列措施,本项目在现场施工效率及质量提升和减少人工及消耗等方面均有明显效果。

**1. 工程概况**

本项目位于上海市青浦区赵巷镇,主要功能为办公。场地内河道将其分为独立的 A2–01、A2–03 两个地块。两个地块地上建筑面积 75766.85m²,总建筑面积 100593.21m²。各单体信息详见表 1.2–3。

项目概况表        表 1.2–3

| 建筑单体 | 结构类型 | 地上层数 | 结构高度(m) | 预制率(%) |
|---|---|---|---|---|
| 1 号楼、3 号楼 | 装配整体式框架 – 现浇剪力墙结构 | 12 | 55.65 | 40.13~40.92 |
| 2 号楼、5 号楼 | | 7 | 33.15 | 40.17~40.30 |
| 7 号楼 | | 11 | 51.15 | 41.34 |
| 8 号楼 | 装配整体式框架结构 | 6 | 28.65 | 41.26 |

预制构件类型包括预制框架柱、预制框架梁、预制次梁、预制预应力混凝土双 T 板、预制叠合楼板、楼梯梯段、女儿墙等(图 1.2–22)。

图 1.2–22 项目实景图

## 2. 装配式建筑设计

地上建筑结构的标准层建筑结构布置图详见图 1.2-23 及图 1.2-24。在方案设计阶段，主体结构设计单位提前主动介入，与建筑方案设计单位联合主导规划柱网，综合比较规整柱网及斜交柱网两种方案的优劣，最终确定采用规整柱网方案。得益于柱网标准化设计，核心筒范围外采用预制预应力双 T 板 + 现浇钢筋混凝土叠合层的形式（图 1.2-25）。

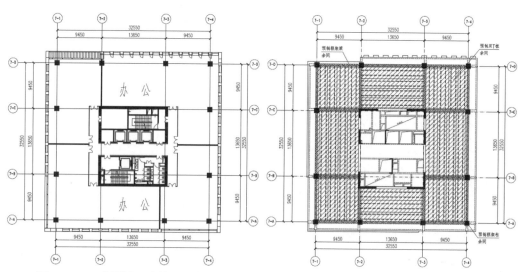

图 1.2-23　典型楼层建筑平面布置图　　　图 1.2-24　典型楼层装配式结构平面布置图

## 3. "两提两减" 技术措施及成效

本项目在实施过程中落实了如下技术措施：

（1）践行标准化、一体化理念

概念设计阶段建筑柱网凌乱，存在大量斜交柱网，不利于装配式结构实施。方案阶段主体结构设计单位提前主动介入，与建筑方案设计单位多次沟通主导规划柱网，合理规整化柱网布置，最大

图 1.2-25　双 T 板现场施工图

限度发挥预制装配式优势，减少结构混凝土用量 11%，节约钢筋用量 25%（图 1.2-26）。

（2）采用大跨度预制预应力构件或组合构件，实现了免模免支撑

预制双 T 板为预应力构件，工业化程度高。方案设计阶段，主体结构设计单位主

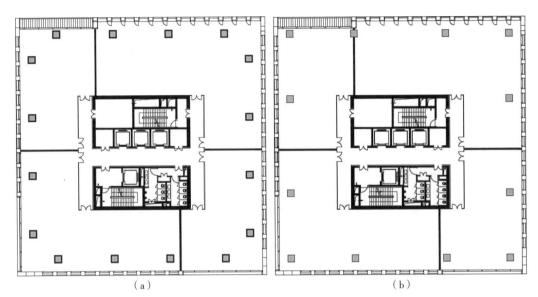

图 1.2-26　平面柱网优化对比

（a）柱网优化前；（b）柱网优化后

动综合比选了钢筋桁架板、SP 板及双 T 板三种方案，通过多维度细致分析比较，最后确定双 T 板方案。

采用预制预应力混凝土双 T 板，取消了次梁的设置，在规范图集的基础上，取消双 T 板的横肋，可采用长线台座制作，节省模具。采用双 T 板搁置在梁侧挑耳的形式，现场实现了免模免支撑，施工便捷。具体内容详见图 1.2-27。同时，预应力双 T 板的合理使用有效减少了混凝土和钢筋的用量。

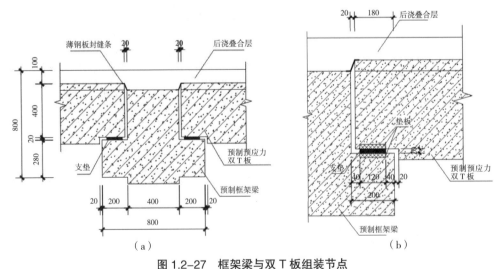

图 1.2-27　框架梁与双 T 板组装节点

（a）框架梁与双 T 板组装图；（b）挑耳垫块定位图

（3）采取优化构件截面、合理布置梁柱钢筋、简化主体结构连接节点等一系列技术措施

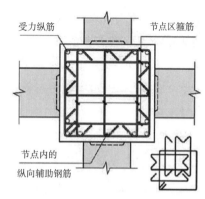

图 1.2-28 框架柱四角集中配置纵筋做法

结合大量工程经验，主体结构设计阶段合理优化梁截面及钢筋布置，显著提升预制构件装配施工的便利性。主要措施包括：同一框架柱上两个方向梁高差不低于 100mm，避免钢筋碰撞；框架柱四角集中配置纵筋；部分框架梁底筋在梁端截断，不进入框架梁柱节点核心区；采用端部不出筋的双 T 板等。相关措施有效降低了施工难度，有效提高了施工效率和质量（图 1.2-28）。

（4）设计及施工全过程采用 BIM 设计

本项目为保证通透的建筑效果，提升办公品质，柱网尺寸一般为 10~13m，较常规项目明显偏大，同时吊顶施工完成后净高不低于 3m。本项目通过装配式专项优化、碰撞检查、净高分析及管综协调，对现场施工进度、质量和辅助成本控制等方面均有明显效果。

### 4. 结论及建议

通过一系列细化优化设计，本项目有效减少了人工及消耗，较好地实现了装配式建筑高效率、高质量的优势，在未来装配式建筑结构设计工程中，参考本项目主体结构设计单位、业主及参建各方提前积极介入，前置管理，从概念方案设计阶段植入装配式设计的设计逻辑和思维，同时尽可能实现建筑尺寸及形体、构件及节点标准化、规整化。设计过程中应贯通全过程设计，合理确定构件形式及截面，选择合适的装配式方案。同时 BIM 的全过程穿插协助可有效提高设计及施工质量。

**项目名称**：漕河泾开发区赵巷园区一期项目 –A2-01、03 地块

**项目报建名称**：漕河泾开发区赵巷园区一期项目（一）

**建设单位**：上海漕河泾开发区赵巷新兴产业经济发展有限公司

**设计单位**：同济大学建筑设计研究院（集团）有限公司

**装配式技术支撑单位**：上海中森建筑与工程设计顾问有限公司

**施工单位**：上海同济建设有限公司

**构件生产单位**：上海中建航建筑工业发展有限公司
嘉兴华泰特种混凝土制品有限公司

**开、竣工时间**：2018.1~2021.6

## 1.3　减隔震技术

减隔震技术较多应用于公共建筑和工业建筑中，现在也有在住宅项目中使用。减隔震技术的应用有效减少了结构构件截面尺寸，以及钢筋混凝土的用量，间接减少了生产、运输、施工过程中的能源消耗，提高了施工效率。

本节的几个项目中分别采用不同的减隔震技术，"广粤路 074–05 地块项目"采用金属阻尼器和黏滞性阻尼器组合的技术；"惠南公交停车保养场新建工程"采用多次屈服型减震支撑技术；"同济大学嘉定校区学生活动中心"采用组合减隔震技术；"上海市闵行区中心医院新建科研楼项目"采用消能减震技术；"临港重装备产业区 H36–02 地块项目"采用黏滞阻尼器技术。

### 1.3.1 广粤路 074-05 地块项目

本项目是上海第一个应用耗能减震技术的装配整体式住宅建筑，同时也是上海市装配式建筑示范项目。本项目为带连梁阻尼器装配整体式剪力墙结构，连梁阻尼器能够优化结构截面、减小结构质量、改善结构的抗震性能；同时，本项目建筑结构装配各专业紧密配合，在设计各阶段注重标准化思路，将标准构件融入具体设计中，减少了预制构件类型，提高了工程设计、制作、安装的效率，减少了模具类型数量、施工工作量、后期混凝土及模板废弃物；有效提高了工程质量，实现项目"两提两减"目标。

**1. 工程概况**

本项目位于上海市虹口区。整个地块场地面积约为 17600.6m²，总建筑面积为 62154.09m²。本项目为租赁住宅，地下一层为机动车库。地上租赁住宅均为装配整体式钢筋混凝土剪力墙结构，单体预制率均超过 40%。1 号楼 25 层，建筑高度 79.95m，抗震等级为三级。该单体项目设计时综合考虑建筑抗震方案和装配式等因素，在连梁里安装阻尼器来减震，优化剪力墙的布置，减少了剪力墙数量，减少了建筑用材，降低了工程造价。预制构件类型包括预制剪力墙、预制叠合板、预制楼梯等，预制剪力墙与叠合板采用标准化布置，减少了模具种类与用量。图 1.3-1 为项目鸟瞰图，图 1.3-2 为项目现场照片。

**2. 装配式建筑设计**

1 号楼建筑单体中，楼、电梯布置在平面中部，各户型布置在双两翼及前部。结

图 1.3-1 项目鸟瞰图

图 1.3-2　项目现场照片

构设计为剪力墙体系，设计过程中做了两种结构布置方案，第一种为常规方案，按普通剪力墙结构方案设计及计算；第二种为减震方案，在局部部位的连梁中设置连梁阻尼器来减少地震作用，同时减少部分剪力墙数量（与常规方案比较）。两种方案均为整体装配式剪力墙结构（图 1.3-3 ~ 图 1.3-5）。

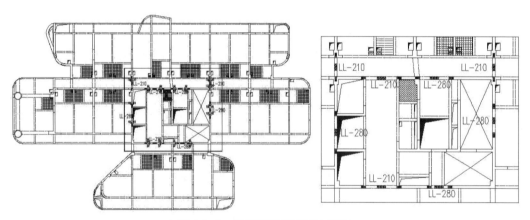

图 1.3-3　连梁阻尼器平面布置图

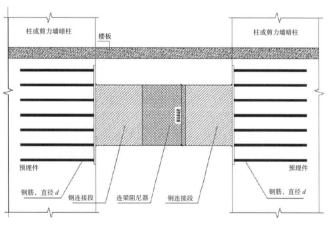

图 1.3-4　金属阻尼器和黏滞性阻　　图 1.3-5　连梁阻尼器与装配式建筑之间的节点设计
　　　　　尼器组合安装图

通过对两种方案的分析对比，可以看出，减震方案中阻尼器增加了单项造价，由于剪力墙数量的减少使结构总质量减少了 3.5%，单体中的现浇部分及装配部分的基础的造价都随之减少，理论上总的工程造价降低 100 万元。表 1.3-1 为常规方案与减震方案的经济性对比。

常规方案与减震方案的经济性对比 表 1.3-1

| 类别 | | 常规方案 | 减震方案 | 备注 |
|---|---|---|---|---|
| 一、质量（t）（含地下室） | | 60256.18 | 58235.043 | |
| 二、预制混凝土（含钢筋） | 材料量（m³） | 4340.10 | 3961.76 | |
| | 单价（元/m³） | 4000 | | 综合单价 |
| | 造价（万元） | 1736.04 | 1584.71 | |
| 三、现浇混凝土（含钢筋） | 材料量（m³） | 6510.16 | 5942.65 | |
| | 单价（元/m³） | 2000 | | 综合单价 |
| | 造价（万元） | 1302.03 | 1188.53 | |
| 四、基础 | 单价（元/m²） | 200 | 193.29 | 减震方案的单价 |
| | 面积（m²） | 27223 | 27223 | |
| | 造价（万元） | 544.47 | 526.21 | |
| 五、阻尼器 | 套 | 0 | 144 | 产品生产、节点预埋件、试验检验费、运输、安装、维护等一切相关费用 |
| | 单价（万元/套） | — | 1.2 | |
| | 造价（万元） | 0 | 172.8 | |
| （二+三+四+五）总造价（万元） | | 3582.55 | 3472.25 | |

注：综合对比，本项目 1 号楼采用带有连梁阻尼器的装配整体式剪力墙结构。

结构装配在设计中，根据租赁住房的特点，按住户单元采用标准化的构件布置，在住户单元内，有叠合板标准布置 1 及预制板标准布置 2 以及预制墙标准布置 1（图 1.3-6、图 1.3-7）。

### 3. "两提两减" 技术措施及成效

本项目对工程抗震进行了全面考虑与方案经济性比较，由于采用了连梁阻尼器优化了结构截面，减少了地震作用，在满足结构性能的前提下，设计上减少了部分剪力墙的数量，客观上减少了部分工程量，而其自然形成的大开间布置，住户内部空间布置自由，更加贴合租赁住房的特点，也有着较好的社会效益。同时，本工程建筑结构装配各专业协作配合，结合租赁住房的住户单元，在叠合板方面，按住户单元布置的预制板标准布置 1、2，占整个住户单元的 50% 以上；预制墙方面，按住户单元布置

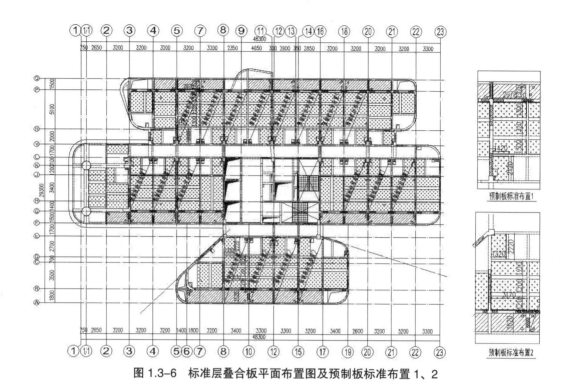

图 1.3-6　标准层叠合板平面布置图及预制板标准布置 1、2

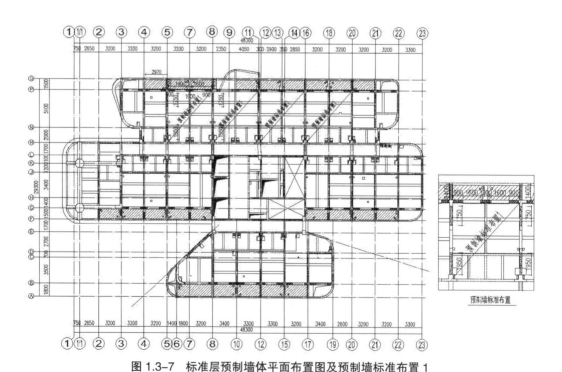

图 1.3-7　标准层预制墙体平面布置图及预制墙标准布置 1

的预制墙标准布置 1 内的墙体数量占比为 30% 左右，简化了预制构件的制作与安装。采用阻尼器做法减少剪力墙数量与按住户单元布置构件的标准化设计，能够减少项目工程量、降低施工成本，减少环境污染，具体表现在以下方面。

提高效率：本工程减震做法与一般常规的做法相比，减少了剪力墙数量，从而减少了工程量，从源头上减少了项目全过程的工作量，相应提高了项目的建设效率。减震装置在安装工厂制作，提高了减震装置的安装效率；按住户单元布置构件的使用，简化了建筑结构装配的设计工作量，既提高了设计效率，也摊销了模具成本，有效提高了制作安装操作人员的熟练度，提高了吊装等效率，从而有效提高了工业化建造效率。

提高质量：阻尼器埋件在工厂构件预制时预埋，保证了预埋件的设置精度，提高了安装质量；按住户单元布置构件，使得单一类型的构件数量较大，可以工厂规模化地生产，体现工业化生产的优势，构件质量可控（图 1.3-8）。

减少人工：减震设计，减少了剪力墙数量，大开间的剪力墙布置，住户单元的构件布置，都间接减少了工程量，同样也相应减少了人工；同时，住户单元内单一类型的构件数量较大，也使操作人员施工的熟练程度提高，也间接减少了施工的工日。

减少垃圾废弃物，本项目的剪力墙数量的减少，有效减少了项目建筑用材与工程量，减少构件制作模具，减少了部分模板工程，最终使得混凝土及模具废弃物量相较传统项目分别减少 3% 及 4% 左右。

### 4. 结论及建议

耗能减震技术，多用于框架结构、框剪结构、框架筒体等多种结构体系中，对多地震地区是一种有效的措施方式，有着广泛的应用，目前，在装配整体式的建筑中应

图 1.3-8　阻尼器现场安装图

用得较少。本项目作为上海市装配式建筑示范工程，在装配整体式剪力墙结构中，采用了带阻尼器的消能减震技术，虽然阻尼器增加单项成本，但由于合理的结构设计，减少了结构受力墙体，建筑的综合成本下降，为一种有效的技术选择，也使得减震技术应用有了新的途径。本项目在采用耗能减震装置的同时，遵循构件标准化原则，进行了按住户单元布置构件的标准化设计，提高了工程质量和工程效率，减少现场人员工日及施工工作量，并能够减少后期混凝土及模具模板废弃物，达到了提质增效的效果，从而实现项目"两提两减"的目标。

**项目名称：**广粤路 074-05 地块项目

**项目报建名称：**广粤路 074-05 地块租赁住宅项目

**建设单位：**上海宝地宝郦汇企业发展有限公司

**设计单位：**上海中森建筑与工程设计顾问有限公司

**装配式技术支撑单位：**上海中森建筑与工程设计顾问有限公司

**施工单位：**上海宝冶集团有限公司

**构件生产单位：**上海宇辉住宅工业有限公司

**开、竣工时间：**2019.9~2021.6

### 1.3.2 惠南公交停车保养场新建工程

本项目为立体公交停车库,采用大跨度预制预应力构件双 T 板,实现了楼板部分的免模免支撑和高效施工;采用预应力超长结构设计技术(无变形缝设计),解决了温度应力产生的裂缝问题。本工程还使用了多次屈服型减震支撑,在小震下为结构增加抗侧刚度,在中震和大震下,为结构提供附加阻尼,减小地震作用。

**1. 工程概况**

本项目位于浦东新区惠南镇,大体分为四大功能区域:场前区、办公区、立体停车区、维修保养区。地上建筑面积为 105246.76m²,地下总建筑面积为 10262.56m²(图 1.3-9)。

单体立体停车库总建筑面积 84018.68m²,平面尺寸约为 224m×105m,采用了预应力超长结构设计技术(无变形缝设计)来规避超长结构温度敏感性。典型柱网尺寸 12.6m×26m。主屋面高度 22.4m,采用混凝土框架 - 钢支撑结构。框架梁采用缓粘结预应力梁,楼盖采用预制双 T 板。该单体为敞开车库,无外围护墙,单体预制率达到 44%。预制双 T 板搁置在主梁的挑耳上,双 T 板顶与主梁顶平,双 T 板纵肋与主梁挑耳采用螺栓连接以固定预制双 T 板。双 T 板之间采用预埋钢板焊接连接,确保双 T 板协同受力,同时楼面设置整浇层,其整体作用作为安全储备(图 1.3-10、图 1.3-11)。

该结构采用了多次屈服型减震支撑,增加了结构的抗侧刚度,为结构提供了附加阻尼,减小了地震作用,保证了结构的安全性。

**2. 装配式建筑设计**

本工程建筑剖面图如图 1.3-12 所示。

**图 1.3-9 惠南立体停车库北立面**

图 1.3-10　项目实景图

图 1.3-11　预制双 T 板实景图

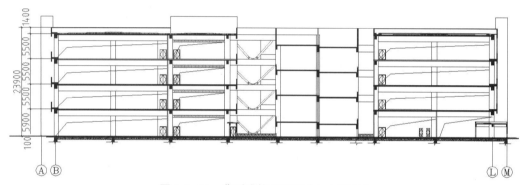

图 1.3-12　典型建筑剖面图（1-1 剖面）

标准层结构平面布置图如图 1.3-13 所示。

该单体采用的是大跨度预制预应力双 T 板，典型跨度 12m，宽度 3.0m，板布置实景图详见图 1.3-14。采用预制双 T 板，实现了楼板部分的免模免支撑，楼板与梁的连接节点采用干法连接，便于施工，受力合理。与传统现浇混凝土结构比较，板的人工工时减少的比例达到 98.6%，同时，装配式建筑质量得到了很大的提升。

楼屋面框架梁采用缓粘结预应力技术。其中横向框架梁布置曲线缓粘结预应力筋（横向框架梁搁置双 T 板，为主承重框架）；纵向框架梁布置直线缓粘结预应力筋（仅用作温度筋使用）。

缓粘结预应力是通过缓粘结剂的固化实现预应力筋与混凝土之间从无粘结逐渐过渡到有粘结的一种预应力形式，是在有粘结与无粘结预应力技术基础上发展而来的预应力新技术，综合了两种预应力形式的优点。经计算，预应力梁的挠度和裂缝均能满足规范的要求，同时满足温度与空间次内力影响偶联的情况下的整体设计要求，实现了 224m 超长楼盖采用不设缝的设计（图 1.3-15）。

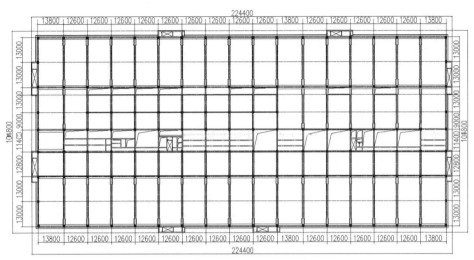

图 1.3-13　标准层结构平面布置图

图 1.3-14　预制双 T 板铺装实景图

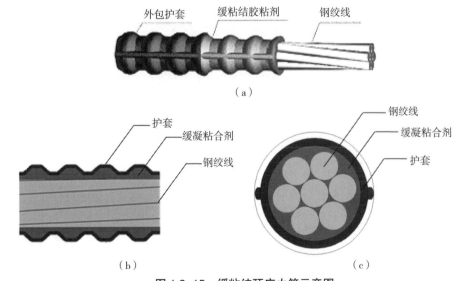

图 1.3-15　缓粘结预应力筋示意图

（a）缓粘结预应力筋三维示意图；（b）纵切示意图；（c）横切示意图

为了解决结构的抗侧刚度不足等问题，本工程采用了屈曲约束支撑（BRB），每层22根，共88根。平面布置图如图1.3-13所示，立面图如图1.3-16所示。通过添加减震支撑，减少了混凝土框架柱的数量，减小了截面大小，在小震下为结构增加抗侧刚度，使本工程周期比和位移比能够满足规范的要求；在中震和大震下，多次屈服型减震支撑可以为结构提供附加阻尼，减小地震作用（图1.3-17）。

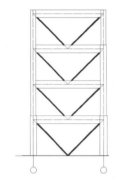

图1.3-16　BRB立面布置图

图1.3-17　BRB实景图

### 3."两提两减"技术措施及成效

本工程可研阶段采用钢筋混凝土框架结构，典型柱网尺寸为12.6m×12.8m。如图1.3-18所示。由于工程平面超长，达到224.4m×104.8m，设置了较多的伸缩缝，对建筑的使用功能有一定的影响。于是提出方案二，采用现浇混凝土框架－钢支撑结构体系，柱网尺寸仍为12.6m×12.8m，如图1.3-19所示。采用缓粘结预应力主梁，楼盖采用

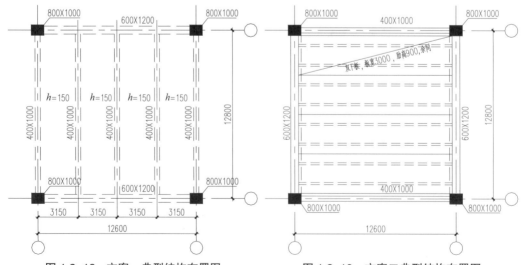

图1.3-18　方案一典型结构布置图　　　　图1.3-19　方案二典型结构布置图

预制双 T 板，设置屈曲约束支撑。为了充分发挥预应力结构在大跨度方面的优势，局部合适的区域抽掉两排柱，典型柱网达到 12.6m×26.0m，即方案三，如图 1.3-20 所示。

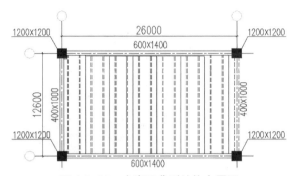

图 1.3-20　方案三典型结构布置图

对三种方案在技术和经济上进行对比，技术性对比结果如表 1.3-2 所示。经济性对比结果如表 1.3-3 所示。

三种方案的技术性对比　　　　　　　　　　　　　　　表 1.3-2

| 类别 | 方案一（原方案） | 方案二（常规柱网） | 方案三（局部大柱网） |
|---|---|---|---|
| 结构体系 | 装配整体式钢筋混凝土框架结构 | 现浇混凝土框架 – 钢支撑结构体系 | 现浇混凝土框架 – 钢支撑结构体系 |
| 结构特点 | 叠合板、叠合梁、预制柱 | 预应力主梁、预制双 T 板，BRB | 预应力主梁、预制双 T 板，BRB，局部大柱网 |
| 抗震等级 | 三级 | 三级（局部二级） | 二级 |
| 柱网尺寸（m） | 12.6×12.8 | 12.6×12.8 | 12.6×12.8 或 12.6×26.0 |
| 预制构件种类 | 较多 | 单一 | 单一 |
| 采用预应力技术 | 不采用 | 采用 | 采用 |

三种方案的经济性对比　　　　　　　　　　　　　　　表 1.3-3

| 类别 | | 方案一（原方案） | | 方案二（常规柱网） | | 方案三（局部大柱网） | |
|---|---|---|---|---|---|---|---|
| | | 工程量（m³） | 总价（万元） | 工程量（m³） | 总价（万元） | 工程量（m³） | 总价（万元） |
| 构件分类 | 板 | 65310 | 2300 | 75696 | 4686 | 75696 | 4686 |
| | 梁 | 16854 | 4685 | 10385 | 1837 | 10129 | 1792 |
| | 柱 | 5991 | 1259 | 3156 | 525 | 3224 | 536 |
| | 承台 | 4657 | 776 | 4657 | 776 | 4043 | 674 |
| | 桩 | 1158 | 1670 | 1158 | 1670 | 1031 | 1591 |
| | 预应力费用 | | | 84019 | 756 | 84019 | 756 |
| | BRB 费用 | | | | 227 | | 303 |
| 合计（万元） | | 10690 | | 10477 | | 10338 | |

由以上对比结果可以看出，方案三在技术上、经济上都有优势，采用双 T 板和预应力梁可以增大跨度，满足建筑使用功能，同时实现了超长结构无变形缝设计，使用 BRB 可以提高大跨度、大荷载结构的抗震能力，使该结构满足规范的要求。双 T 板在工厂预制完成，可以保证构件质量，现场施工实现了免模免支撑，吊装完成即可，大大提高了施工效率，还提高了该单体的装配率（图 1.3–21）。

图 1.3–21　预制双 T 板吊装图

### 4. 结论及建议

惠南立体停车库属于超长结构单体，同时跨度比较大，荷载也比较大，不能设缝，对结构提出了比较高的要求，采用双 T 板、缓粘结预应力梁、多次屈服型减震支撑，实现了超长单体无缝设计。与传统混凝土结构相比，提高了施工效率，降低了造价，满足上海市装配率的要求。本项目现已投入使用，较好地满足了投资方的使用需求。

本项目采用的新技术，新工艺适合跨度比较大，荷载也比较大的结构，如果有类似的项目，可以尝试推进双 T 板、预应力梁的应用。

**项目名称：**惠南公交停车保养场新建工程

**项目报建名称：**立体停车库

**建设单位：**上海市浦东新区交通投资发展有限公司

**设计单位：**上海浦东建筑设计研究院有限公司

**装配式技术支撑单位：**上海同吉建筑工程设计有限公司

**施工单位：**上海建工集团股份有限公司

**构件生产单位：**南通鑫华混凝土制品有限公司

**开、竣工时间：**2018.8~2022.3

### 1.3.3　同济大学嘉定校区学生活动中心

嘉定校区学生活动中心采用装配整体式框架结构，是上海市首个梁、板、柱全部采用预制清水混凝土的教育类装配式项目，按绿色建筑二星级标准设计，预制率为40%。项目设计时综合考虑建筑方案和装配式施工等因素，采用装配式组合减隔震结构体系，全过程 BIM 设计，优化异形构件梁柱节点等技术措施，节省工期，降低工程材料成本，提高工程效率，提升建筑品质，优化预制构件节点抗震性能。

**1. 工程概况**

同济大学嘉定校区学生活动中心位于上海市嘉定区，包含大礼堂、小型音乐厅、团委办公、多功能厅、培训、创客空间、艺术团活动教室等功能，是提供办公、会议、演出、排练与休闲娱乐服务空间的一栋多功能综合体。项目总建筑面积 21750m²，其中地上 15285m²，地下 6465m²。建筑占地面积 6256m²。建筑塔楼地上八层，高 40m，裙房地上两层，高 11m，地下一层（局部地下两层）。主塔楼偏置北侧，建筑底部设置隔震层。本项目为装配式建筑，单体预制率不小于 40%。

嘉定校区学生活动中心主楼偏置于裙房一侧，且裙房与主楼之间不允许设缝，为超限高层装配整体式框架结构。结构采用 45° 斜交梁柱体系，节点配筋复杂，施工难度与一般建筑相比较大。项目采用减震＋隔震＋装配式结构体系，采用的预制混凝土构件类型包括预制叠合梁、预制叠合板、预制柱、预制楼梯。本项目建筑高度低于 50m，装配范围为二层~屋面层。梁、板、柱等主要结构构件和楼梯均合理预制，活动中心预制率不小于 40%（图 1.3-22、图 1.3-23）。

**图 1.3-22　项目实景图**

图 1.3-23　基础隔震实景图

### 2. 装配式建筑设计

嘉定校区学生活动中心的标准层建筑结构布置图见图 1.3-24、图 1.3-25。项目采用标准化柱网和模数化构件的装配式建筑设计,充分考虑预制构件模具的重复率,降低装配式构件的生产成本和安装难度。

基于建筑平面布置和竖向功能布置的特点,本项目采用基础隔震技术,隔震层位于基础与地下一层之间,层高 2m。在设计过程中结合 BIM 技术,模拟和对比采用减隔震技术前后的建筑效果,其立面图对比见图 1.3-26。

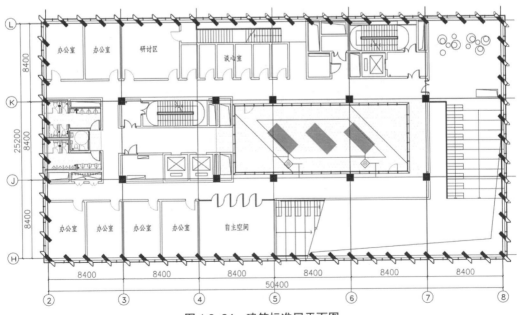

图 1.3-24　建筑标准层平面图

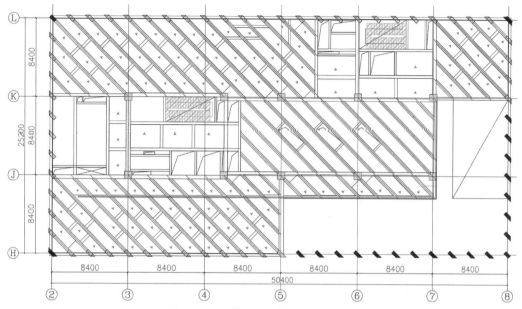

图 1.3-25 装配式结构标准层平面图

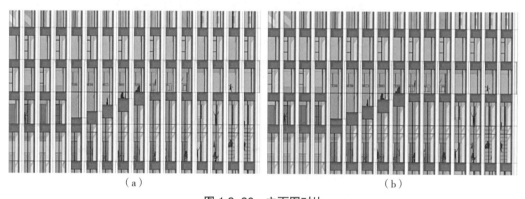

（a）                              （b）

图 1.3-26 立面图对比

（a）非隔震立面图；（b）隔震立面图

### 3. "两提两减" 技术措施及成效

（1）"两提两减" 技术措施

1）装配式组合减隔震结构体系

基于建筑平面布置和竖向功能布置的特点，本项目采用基础隔震技术，隔震层位平面布置示意见图 1.3-27。

通过采用隔震技术，上部结构实现降一度设计目标，并有效改善上部结构不规则引起的扭转效应。采用减隔震技术后，结构扭转问题缓解，建筑周边可不设置剪力墙，建筑大空间通透性更佳；构件截面尺寸减小，建筑立面更通透。同时上部结构体系由

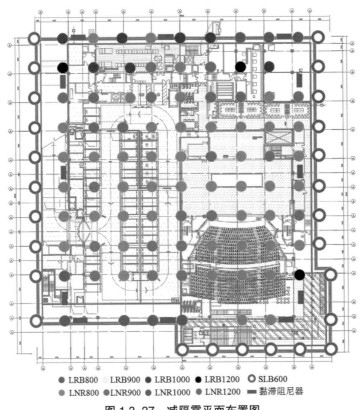

● LRB800　○ LRB900　● LRB1000　● LRB1200　○ SLB600
● LNR800　● LNR900　● LNR1000　● LNR1200　■ 黏滞阻尼器

**图 1.3-27　减隔震平面布置图**

预制框架 – 剪力墙结构改为装配整体式框架结构，预制率提高约 5%，材料成本降低约 14%，见表 1.3-4。

造价成本比较　　　　　　　　　　　　　　　　　　表 1.3-4

| | 项目 | 装配式组合减隔震方案 | 传统结构方案 |
|---|---|---|---|
| 造价 | 混凝土（预制＋现浇）造价（万元） | 3919 | 5176 |
| | 钢筋造价（预制＋现浇）造价（万元） | 423 | 491 |
| | 减隔震装置（万元） | 548 | 无 |
| | 材料成本（万元） | 4890 | 5667 |
| | 单位面积材料成本（万元） | 2259 | 2606 |

本项目采用基础隔震技术，减小预制柱、预制梁构件截面尺寸和配筋，降低预制装配运输、施工安装难度，见表 1.3-5。

结构方案比较 表 1.3-5

| 类别 | 装配式组合减隔震方案（mm） | 传统结构方案（mm） |
| --- | --- | --- |
| 预制柱截面 | 350×700（边柱）<br>800×800（中柱） | 450×800（边柱）<br>800×800（中柱） |
| 预制梁截面 | 300×800<br>300×600 | 300×900<br>350×800 |
| 墙宽 | 无剪力墙 | 300 |

我国装配式建筑发展为大势所趋，但传统装配式建筑存在抗震可靠度较低、施工质量难以保证、大尺寸预制构件运输吊装困难、高烈度地区发展受限、重要性建筑抗震性能要求高等问题。减隔震技术的发展与成熟为解决传统装配式建筑存在的问题提供了新的解决思路。同时本项目建筑结构一体化设计，减小了构件截面，使建筑立面更加通透，既提高了建筑质量，又提升了建筑品质（图 1.3-28）。

2）标准化设计

嘉定校区学生活动中心玻璃幕墙结合白色混凝土预制挂板模数化布置，立面采用标准化间距的白色混凝土 45° 竖向单元结构构件，建筑结构一体化设计，体现简洁明快富有韵律感的建筑形象。本项目标准层预制柱构件种类仅四种，预制梁截面种类仅一种，预制梁中两种应用最多的构件占比超过 50%，预制板中三种应用最多的构件占比超过 60%。标准化预制构件现场照片见图 1.3-29。通过标准化设计控制预制构件种类，极大地提高了构件生产效率，降低了生产成本。

3）预制清水混凝土异形构件

本项目采用建筑结构一体化设计，结构构件外露，且存在大样异形构件。若采用现浇施工，建筑工程的立面效果难以达到设计要求，施工质量和效率较低，构件支模困难。采用预制清水混凝土的异形构件，能保证构件质量和清水效果，现场直接安装省去了大量支模作业，节约了人工和材料成本。预制清水混凝土异形构件见图 1.3-30。

图 1.3-28 项目实景 – 减隔震施工现场

**图 1.3-29　项目实景 – 标准化构件**

**图 1.3-30　项目实景 – 异形预制构件**

4）装配式结合 BIM 设计

通过应用 BIM 技术，既能为装配式设计提供模型与依据，提高装配式各项指标的精确度，又能给建筑结构等专业与甲方等相关人员提供直观感受，便于项目的讨论决策。BIM 技术应用对装配式节点以三维可视化的设计方式复核与优化，综合考虑机电管线对预制构件的影响和预留预埋点位复核。

5）施工总承包

本项目采用施工总承包模式，由总包单位统筹管理装配式采购招标、生产、运输、安装、验收等环节，每周组织业主、设计单位、总包和构件厂等开展工程例会，降低建造成本和总和成本，使资源优化、整体效益提高。

（2）"两提两减"成效

1）相比现浇传统方式施工方式，本装配式项目裙房每个楼层施工工期减少约 5d，塔楼标准层施工工期减少约 3d，地上工程总工期缩短。

2）本工程实行装配式安装方案交流例会制度，采取监理驻场、首件验收、首段验收等措施；工程全程监督并拍摄灌浆及打胶；设计单位严格复核构件尺寸、钢筋及点位，施工过程中基本没有构件安装问题。除以上措施外，严格落实检测和验收环节，提高项目质量。

3）本工程相比现浇传统施工方式减少人工约一成。全部工人已参加装配式专项培训及考试，保证工程质量。

4）本工程进行垃圾分类并统一回收，粉尘、噪声、污水减少，用水量、用电量显著减少。

### 4. 结论及建议

装配式专项设计从项目方案设计阶段开始介入，统筹考虑设计、施工等环节，减少后期生产及安装困难，降低施工可能存在的风险。工程采用清水混凝土 45° 斜向梁柱系统，建筑品质较高，施工难度较大。通过采用减隔震技术和标准化设计，能有效提高装配式建筑抗震可靠度，减小预制构件的材料成本和施工难度，降低工程综合成本，提高建筑质量和效率，节能减排。

减隔震技术对装配式建筑的影响并不局限于这类间接作用。随着装配式技术的发展，今后的建筑项目中会逐步采用直接安装减隔震装置或预埋件的预制构件，减隔震技术与装配式建筑更紧密的结合会带来更加显著的节能提效。

**项目名称：**同济大学嘉定校区学生活动中心

**项目报建名称：**嘉定校区学生活动中心项目

**建设单位：**同济大学

**设计单位：**同济大学设计研究院（集团）有限公司

**装配式技术支撑单位：**同济大学设计研究院（集团）有限公司

**施工单位：**上海建工四建集团有限公司

**构件生产单位：**上海电气研砼建筑科技集团有限公司

**开、竣工时间：**2019.3 至今

### 1.3.4 上海市闵行区中心医院新建科研楼项目

该项目采用装配式钢框架结构，同时设置屈曲约束支撑（BRB）和黏滞阻尼器（VFD）起到消能减震作用。BRB 是一种位移型阻尼器，可在多遇地震下为钢框架结构提供一定抗侧刚度，设防地震与罕遇地震时耗能；VFD 为速度型阻尼器，在多遇地震下即可屈服耗能，从而有效地保护主体结构，进一步提高结构抗震性能，减小构件截面和用钢量，最终实现项目"两提两减"。

**1. 工程概况**

项目位于上海市闵行区莘庄镇，平面呈矩形，长 62.2m，宽 47.1m。总建筑面积 42990m$^2$，其中地上 30065m$^2$、地下 12925m$^2$。本项目由 1 栋 10 层科研楼和一个全埋式 2 层地下室组成，标准层的层高为 4.5m，结构总高度 48.0m。单体为钢框架 – 支撑结构体系，框架抗震等级为三级，单体预制率不小于 40%，采用了压型钢板组合楼板、钢筋桁架楼承板、钢框架柱、钢主次梁等（图 1.3–31）。

**2. 装配式建筑设计**

建筑与结构专业密切配合，结合建筑平面功能和空间特点，在 BRB 等消能构件发挥最大效能的同时布置于对使用功能影响最小的部位。

通过轻钢龙骨石膏板隔墙的包覆，实现对 BRB 构件的隐蔽。对于有耐火时限要求

**图 1.3–31 项目实景图**

的部位，通过在 BRB 构件两侧设置内填防火岩棉的轻钢龙骨双层石膏板隔断墙，以满足建筑上对耐火时限的要求，并对消能构件形成保护。

为了践行标准化、一体化理念，建筑均匀设置柱跨，并采用整齐归一的立面与形体。标准化程度较高，方便施工（图 1.3-32 ~ 图 1.3-35）。

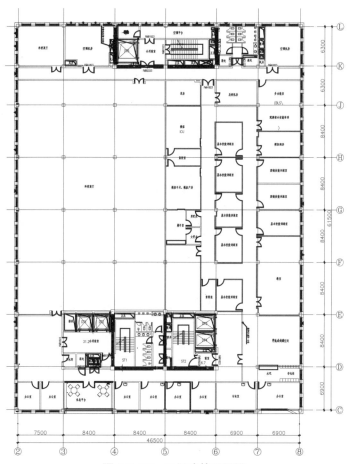

图 1.3-32　二层建筑平面图

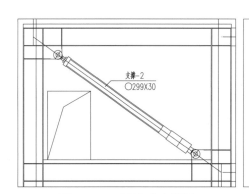

图 1.3-33　BRB 节点详图

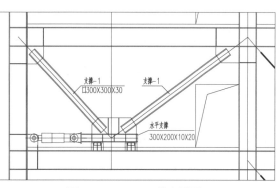

图 1.3-34　VFD 节点详图

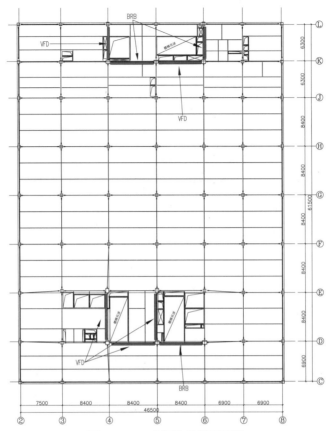

图 1.3-35　六层结构板平面图

## 3. "两提两减"技术措施及成效

（1）装配式钢结构在小体量小地块项目中的应用

根据上海市政策要求，本项目上部结构体系可采用预制装配式混凝土结构或装配式钢结构。

本项目为医疗科研建筑，功能复杂多变，结构荷载较大。经测算，装配整体式框架 – 现浇剪力墙方案结构构件尺寸较大，不利于建筑空间的使用。同时结构自重大，导致结构基础费用较高。

本项目体量较小，当市场产能较低时，预制构件可能供不应求，导致施工期拖延；此外，由于本项目处于密集居民区，施工环境复杂，缺乏构件堆场条件，采用装配整体式混凝土结构则施工组织和管理复杂，效率不高。

采用钢框架 – 支撑结构，构件尺寸较小，并能取消剪力墙，提高空间布置灵活性、增加有效使用面积、方便安装、缩短施工周期。同时，结构自重较轻，基础费用较小。钢构件采购货源充足，不影响工期（表 1.3-6）。

采用不同装配式方案比选表　　　　　　　　　　表 1.3-6

| 类别 | 装配整体式框架－现浇剪力墙方案 | 钢框架－钢支撑方案 |
|---|---|---|
| 预制率 | 40.7% | 44.51% |
| 重量 | 1.64t/m² | 1.22t/m² |
| 建筑功能匹配 | 剪力墙布置较多，对建筑空间影响大 | 支撑布置较少，建筑空间布置灵活 |
| 塔楼施工工期（地上部分） | 8~12d/层 | 3~5d/层 |
| 施工工期的可控性 | 预制构件的产能较难满足市场的需求，预制构件厂家需预约排队，时间不可控 | 钢结构构件制作比较成熟，产能充足，构件厂家无需预约排队，时间可控 |
| 造价 | 1932 元/m² | 1950 元/m² |

（2）装配式钢结构中多种类型消能减震装置的组合应用

本项目将普通钢支撑取消，改用带有消能减震功能的防屈曲约束支撑（BRB）和黏滞阻尼器（VFD）。BRB 为位移型阻尼器，VFD 为速度型阻尼器。根据两种不同耗能阻尼器的特性，在结构低区主要布置 BRB，在高区主要布置 VFD，既可以适量提高结构刚度，又不至于吸收过多地震作用。因此可进一步提高结构抗震性能，减小构件截面降低工程造价（图 1.3-36、图 1.3-37）。从表 1.3-7、表 1.3-8 可知，由于应用消能减震技术，可较为显著地减少用钢量。

（3）BIM 技术在装配式医疗建筑中的应用

本项目为医疗与科研建筑，建筑功能多样，管线布置复杂。通过采用 BIM 集成技术，协同各专业进行精细化的装配式建筑设计，优化合理建筑结构布置和设备管线排布，充分利用建筑空间，提高设计质量，提升施工项目管理水平、控制工程造价（图 1.3-38、图 1.3-39）。

图 1.3-36　黏滞阻尼器安装实景图

图 1.3-37　防屈曲约束支撑安装实景图

装配钢框架方案截面表           表 1.3-7

| 楼层 | 截面尺寸 |
|---|---|
| 外框柱 | $800 \times 800 \times 32 \sim 600 \times 600 \times 24$（部分灌混凝土） |
| 框梁 | $HN800 \times 300 \times 14 \times 26 / HN700 \times 300 \times 13 \times 24$ |
| 次梁 | $HN500 \times 200 \times 10 \times 16 / HN400 \times 200 \times 8 \times 13$ |

装配钢框架 - 消能减震支撑方案截面表      表 1.3-8

| 楼层 | 截面尺寸 |
|---|---|
| 外框柱 | $700 \times 700 \times 26 \sim 500 \times 500 \times 20$（部分灌混凝土） |
| 剪力墙 | — |
| 框梁 | $HN700 \times 300 \times 13 \times 24 / HN600 \times 300 \times 10 \times 20$ |
| 次梁 | $HN500 \times 200 \times 10 \times 16 / HN400 \times 200 \times 8 \times 13$ |

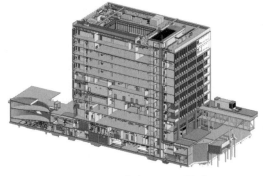 

图 1.3-38   全专业 BIM 模型               图 1.3-39   BIM 管综图

### 4. 结论及建议

结合本项目特点和周边场地条件，建筑采用了装配式钢框架 + 混合消能减震结构，在提高工程质量、节约工期、提高结构性能、降低成本方面获得了"两提两减"成效，可供同类工程参考。

**项目名称：** 上海市闵行区中心医院（暨上海市闵行区复旦医教研协同发展研究院）新建科研楼项目

**项目报建名称：** 上海市闵行区中心医院（暨上海市闵行区复旦医教研协同发展研究院）新建科研楼项目

**建设单位：**上海闵行城市建设投资开发有限公司

**设计单位：**同济大学建筑设计研究院（集团）有限公司

**装配式技术支撑单位：**同济大学建筑设计研究院（集团）有限公司

**施工单位：**上海建工四建集团有限公司

**构件生产单位：**安徽伟宏钢结构有限公司

**消能装置生产单位：**上海蓝科建筑减震科技股份有限公司

**开、竣工时间：**2018.6 至今

### 1.3.5 临港重装备产业区 H36-02 地块项目

本项目西 1 楼、西 2 楼采用设置黏滞阻尼器的装配整体式钢筋混凝土框架结构，相比传统装配整体式混凝土框架 – 现浇剪力墙结构，通过设置一定数量的阻尼器来耗散地震能量，减小结构地震效应，减小预制框架梁、柱的截面尺寸及配筋，提高了工程质量和效率，降低了消耗和成本。同时，本项目还采用预应力混凝土双 T 板叠合楼盖技术、优化梁柱节点配筋形式、全生命周期 BIM 技术等创新措施，实现项目的"两提两减"。

#### 1. 工程概况

本项目位于上海市浦东新区，总建筑面积 206320m²，其中地上建筑面积 163320m²，地下建筑面积 43000m²。由 22 栋 4~12 层的研发中心、1 栋 4 层的共享大厅组成，最大高度为 57.6m。单体预制率均大于 40%。项目实景图见图 1.3-40、图 1.3-41。

本项目西 1 楼地下 1 层、地上 8 层，标准层层高 4.2m，建筑总高度 35.05m。西 2 楼地下 1 层、地上 11 层（含 1 层小屋面），标准层层高 4.2m，建筑总高度 44.4m。西 1、西 2 楼均采用设置黏滞阻尼器的装配整体式钢筋混凝土框架结构，单体预制率西 1 楼 47.2%、西 2 楼 48.2%。预制构件包括框架柱、框架梁、次梁、预应力混凝土双 T 板、叠合楼板、楼梯、女儿墙等。

#### 2. 装配式建筑设计

以西 1 楼为例，详述本项目的装配式建筑设计。西 1 楼主要建筑功能为科研用房，

**图 1.3-40　项目实景图一**

图 1.3-41　项目实景图二

标准层建筑平面图见图 1.3-42。本项目标准柱网为 8.4m×8.4m，结构布置取消设置次梁，采用预制预应力混凝土双 T 板，平面布置图见图 1.3-43。本项目在结构中适当位置布置黏滞阻尼器来调节和减轻结构的地震反应，阻尼器布置结合建筑使用功能，主要布置在楼、电梯间及设备用房周围，采用墙式连接，见图 1.3-44 和图 1.3-45。

### 3."两提两减"技术措施及成效

在方案设计阶段，对装配整体式混凝土框架-现浇剪力墙结构和装配整体式混凝土

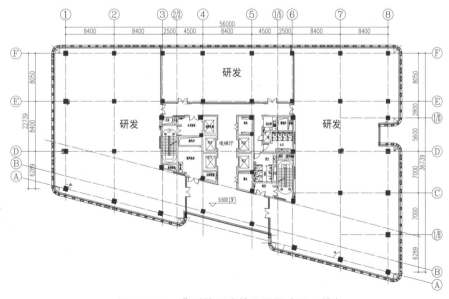

图 1.3-42　典型楼面建筑平面图（西 1 楼）

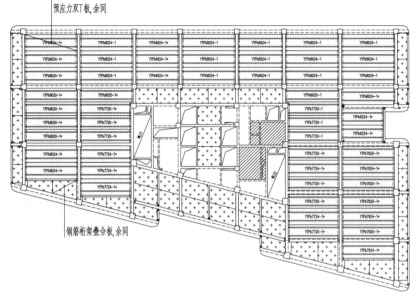

图 1.3-43　典型楼面预应力双 T 板、叠合板平面图（西 1 楼）

（▭▭表示预应力双 T 板、▨▨表示钢筋桁架叠合板）

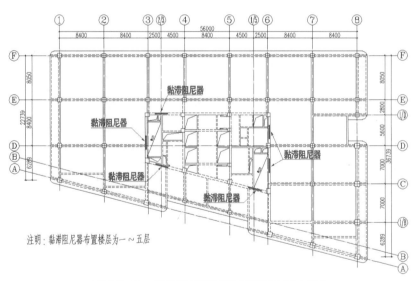

图 1.3-44　黏滞阻尼器平面布置图（西 1 楼）

框架 + 非线性黏滞阻尼器结构两个方案进行了比选。在本项目中，装配整体式混凝土框架 - 现浇剪力墙结构的方案具有以下特点：①结构形式传统，技术成熟可靠；②为控制结构扭转，外圈框架梁、柱截面增加，对建筑立面效果及使用有一定影响；③梁、柱截面尺寸相对较大，

图 1.3-45　黏滞阻尼器实物图

不利于运输和施工的吊装作业；④梁、柱、墙截面尺寸增加，增加建筑材料用量。装配整体式混凝土框架＋非线性黏滞阻尼器的方案具有以下特点：①取消剪力墙，减少现浇部分，有利于预制率提高；②外圈框架梁、柱截面减小，有利于建筑效果和使用；③大截面尺寸梁、柱减少，有利于运输和施工的吊装作业；④梁、柱、墙截面尺寸减小，配筋减少，减少了建筑材料用量；⑤黏滞阻尼器可以耗散一定的地震能量，提高了结构的抗震性能；⑥黏滞阻尼器需要定期进行检修和维护。两个方案详细比选指标见表1.3-9。

结构选型比选指标　　　　　　　　　　　　　　　表 1.3-9

| 结构选型 | | 装配整体式混凝土框架 - 现浇剪力墙结构 | 装配整体式混凝土框架 + 非线性黏滞阻尼器 |
| --- | --- | --- | --- |
| 是否为耗能结构体系 | | 否 | 是 |
| 周边框架柱（mm） | | 900×900 | 700×700/800×800 |
| 周边框架梁（mm） | | 500×1000 | 400×900/400×1000 |
| 混凝土用量（m³） | 总用量 | 6443 | 5443（节约1000m³） |
| | 现浇混凝土 / 预制混凝土 | 3479/2964 | 2921/2522 |
| 预制率 | | 46% | 47% |
| 混凝土工程综合造价（万元） | | 2247.38 | 1903.62（节约343.76） |
| 耗能构件数量 | | — | 30组（每组单价2万~3万元，合计60万~90万元） |
| 多遇地震下附加阻尼比 | | — | 4.0% |
| 基底剪力（kN） | X 向 | 14720 | 10960 |
| | Y 向 | 14496 | 11509 |
| 周期比 | | 0.86 | 0.88 |
| 最大位移角 | | 1/811（满足规范1/800要求） | 1/612（满足规范1/550要求） |
| 位移比 | 最大位移 / 层平均位移 | 1.25（扭转不规则） | 1.20 |
| | 最大层间位移 / 平均层间位移 | 1.30（扭转不规则） | 1.19 |

综合考虑结构的技术经济指标，本工程结构形式采用装配整体式钢筋混凝土框架＋非线性黏滞阻尼器结构。黏滞阻尼器立面布置及实景见图1.3-46。通过在结构中适当位置布置适量的黏滞阻尼器来耗散地震输入的能量，调节和减轻结构的地震反应，减小了预制框架梁、柱的截面尺寸及配筋，减轻了结构自重，降低了结构造价和施工费用。由于取消了剪力墙，使结构现浇部分减少，提高了建筑的预制装配程度，预制率达47%，在满足高预制率的同时，减少了结构自重（混凝土用量减少7%）。

黏滞阻尼器的设置增强了装配式建筑的抗震能力和防灾性能。有阻尼器结构在多

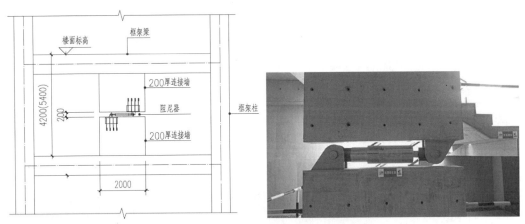

图 1.3-46　黏滞阻尼器的立面布置及实景

遇地震作用下计算分析结果表明，与未设置阻尼器的结构相比，首层地震剪力平均减震率为 17%，最大层间位移角平均减震率为 20%，减震效果明显。此外，能量分析结果也进一步表明：罕遇地震作用下，黏滞阻尼器的平均耗能比例达到 19.4%，耗散了约五分之一的地震能量，有效地保护了主体结构在地震作用下的安全性。

本项目除采用消能减震技术实现"两提两减"外，还采用了预制预应力混凝土双 T 板叠合楼盖技术、优化梁、柱节点配筋形式、全过程 BIM 等技术措施，提高了工程质量和效率，降低了消耗和成本。具体表现在以下几个方面：

1）采用预制预应力混凝土双 T 板叠合楼盖技术：本项目在标准柱跨内采用预制预应力混凝土双 T 板叠合楼盖，取消了次梁的设置，有效降低了混凝土用量。同时，双 T 板可以实现楼板的免模免支撑，降低现场模板支模的工作量，从而提高施工效率，缩短工期，降低施工成本。与传统现浇楼盖相比，预制双 T 板叠合楼盖缩短工期约 20%，降低施工周转材料费约 80%（图 1.3-47）。

图 1.3-47　双 T 板安装效果图

2）优化梁、柱节点构件配筋形式：为解决框架节点钢筋密集、施工困难的突出问题，本项目框架柱纵向受力钢筋配筋形式优化为集中四角对称配置，避免与框架梁钢筋碰撞。在梁柱核心区采用锚固板确保锚固要求，设置组合箍筋的形式便于上部主筋的施工。西一楼通过技术措施节约钢筋约 13t（图 1.3-48、图 1.3-49）。

图 1.3-48　本项目梁柱节点核心区

图 1.3-49　本项目预制柱

3）本项目搭建所有参建方 BIM 协同管理平台。实施项目设计、施工、运维等建设项目全生命期的 BIM 技术应用，实现对质量、安全、工期和成本等各方面进行高效、精细管理和优化。除实施常规土建主体的 BIM 应用以外，还有多专业碰撞检查、管线综合与净高优化、场布与施工模拟等，对施工可能遇到的棘手问题，利用 BIM 可视化、

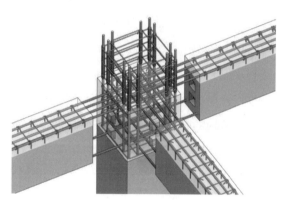

图 1.3-50　复杂节点仿真模拟

信息化的优势，将问题较早地暴露出来，早发现早解决，提高了解决问题的效率，实现大型公共建筑群智能化运维技术应用。具体表现在以下三个方面：

①通过 BIM 技术对预制构件复杂节点的吊装过程进行模拟演示（图 1.3-50），规范了安装作业人员的操作、流程。对节点中需要的钢筋规格和绑扎要求进行明确，避免返工，提高现场安装效率，缩短现场安装工期。

②通过 BIM 技术，在电脑中进行多种施工方案的模拟，优化施工方案，合理安排施工工序。帮助各参建方现场施工技术人员有效地分析复杂结构的构造及施工条件、工序衔接、作业资源配置等，有利于施工进度的把控。

③通过 BIM 技术，在施工前对管道进行综合碰撞检查，对交错复杂的节点进行调整优化，减少了机电安装的施工时间，提高了空间使用效率（表 1.3-10）。

工期对比表                                    表 1.3-10

| 统计分类 | 项目计划工期 | 实际工期 | 提前 |
|---|---|---|---|
| 强弱电桥架 | 7d/ 层 | 5d/ 层 | 2d/ 层 |
| 给水排水管道 | 4d/ 层 | 3d/ 层 | 1d/ 层 |

### 4. 结论及建议

本项目采用黏滞阻尼器消能减震技术，以及预应力混凝土双 T 板叠合楼盖技术、优化梁柱节点配筋形式、全生命周期 BIM 技术等创新措施，实现了项目的"两提两减"。

对于较高的高层建筑或体型复杂的高层建筑，传统抗震结构采用"硬抗"地震的途径，通过设置剪力墙、加大构件截面等途径提高抗震能力，由于地震作用与结构特性密切相关，结构越强，刚度越大，地震作用也越大，单靠提高结构的刚度和强度来提高结构的抗震性能是很不经济的。而且，对于有高预制率要求的结构，传统抗震结构形式中的现浇剪力墙不利于预制率的提高，截面较大和配筋较多不利于预制构件的吊装及安装。所以，对于高预制率要求较高的高层建筑或体型复杂的高层建筑，建议通过设置黏滞阻尼器的"柔性耗能"途径来减小结构地震反应，优化结构形式，不仅提高了结构的抗震性能和预制率，而且有利于投资方节约成本、缩短工期。现在，黏滞阻尼器消能减震技术已广泛应用于建筑结构中，技术成熟，案例众多，本项目就是一个成功的案例，具有一定的参考和借鉴价值。

**项目名称：** 临港重装备产业区 H36-02 地块项目

**建设单位：** 上海临港新兴产业城经济发展有限公司

**设计单位：** 同济大学建筑设计研究院（集团）有限公司

**施工单位：** 上海建工五建集团有限公司

**BIM 咨询单位：** 上海建科工程咨询有限公司

**构件生产单位：** 江苏若琪建筑产业有限公司、浙江华泰新材有限公司

**阻尼器生产厂家：** 上海动研建筑科技发展有限公司

**开、竣工时间：** 2017.7~2019.12

## 1.4　土建 - 内装一体化

　　"土建 - 内装一体化"运用协同设计方法，通过工业化内装技术实现部品部件标准化、接口标准化，提高施工效率；干法施工，减少现场湿作业，减少建筑垃圾。

　　"积水姑苏裕沁庭·锦苑"项目采用钢结构、内装一体化全干法技术；"长宁古北社区 W040502 单元 E1-10 地块租赁住房项目"采用装配式混凝土结构、内装一体化设计，全干法施工；"华建集团装配式建筑集成技术试验楼工程"采用钢结构、内装一体化设计。

## 1.4.1 积水姑苏裕沁庭·锦苑

主体采用装配式钢框架结构，其围护系统、隔墙、楼板、屋顶、机电系统及内装系统均采用工厂成品或半成品，现场装配、集成。主体采用积水自有的"β 系统构造"，实现全干法、全装配工法；楼盖采用预制 ALC 板，实现免模、免撑；围护体系采用全预制墙板，柔性节点连接；采用高气密性、高保温性外窗；室内采用温水地暖系统，PM$_{2.5}$ 全热交换系统；内装采用一体化集成设计；在保证居住舒适、健康情况下，实现提质增效，降低能耗，减少人工，实现"两提两减"目标。

**1. 工程概况**

积水姑苏裕沁庭·锦苑项目位于苏州市相城区，地上总建筑面积约 15.6 万 $m^2$，由高层住宅、联排别墅、配套服务用房及地下车库等组成。共有 20 栋低多层装配式钢结构，均采用装配式钢结构，主体结构采用"β 系统构造"，标准化构件、节点；螺栓连接；外墙围护采用新一代复合结构外墙板"SHELL TEC 墙"、内隔墙采用集成一体化内装、全预制楼板、一体化机电系统，全部采用工厂制作、现场集成组装。全干法建造，提质提效，同时现场安装工人数量减少 50% 以上，充分体现了工业化全产业链的优势。按江苏预制装配率计算要求，各单体预制率达到 102%。实景见图 1.4-1。

**图 1.4-1 项目实景图**

## 2. 装配式建筑设计

本项目是钢结构体系，一体化内装，特点如图 1.4-2 ~ 图 1.4-4 所示。

## 3. "两提两减"技术措施及成效

为了响应国家关于装配式建筑的号召，推动行业的进步及发展，降低碳排放，绿

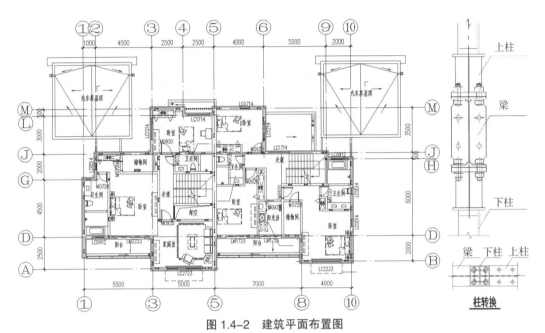

**图 1.4-2　建筑平面布置图**

（小柱网布置；柱子、梁不外露；β 系统构造）

**图 1.4-3　内部装配式装修**

（一体化内装，一体化机电管线）

**图 1.4-4　全预制楼板**

（全预制 ALC 楼板，免模、免撑、轻质）

色施工。本项目启动之初，即制定钢结构体系，内部装配式装修、管线一体化，楼板免模免撑的技术目标。

（1）装配式钢结构主体设计

主体钢结构部分采用积水自有的"β 系统构造"，即梁贯通构造体系，每个梁柱节点处均为单向抗侧力构造，且钢柱竖向无需严格对齐贯通，适用于低层钢结构体系。梁柱通过螺栓连接。主体及非结构部分采用全装配、全干法的拼接工艺。同时控制构件尺寸大小，不外露（图 1.4-5）。

（2）全预制 ALC 楼板

楼板采用 150mm 厚预制 ALC 板简支于钢梁上，板间密缝拼接，端部通过 M10 螺

**图 1.4-5　钢结构主体**

杆与钢梁做限位构造连接。另外，在卫生间降板处，ALC楼板搭接于梁下翼缘上的构造角钢上，每跨梁间板底部都设置对角拉杆，以保证平面内的整体性，防止地震时结构变形导致楼板脱落（图 1.4-6）。

图 1.4-6　楼盖施工

（3）装配式围护体系

建筑外墙采用：成品 SHELL TEC 墙 + 保温 + 石膏板构造。保证强度，满足建筑保温、节能、防火、防水、耐久性能要求，同时可以兼顾外观美观要求（图 1.4-7）。

（4）工业化集成内装

内墙采用装配式骨架夹芯内隔墙，重量轻、组装便利、全干法施工；空腔内敷设水平及竖向的水、电管线及线盒。

内隔墙饰面通过工厂一体化集成，现场通过螺栓与龙骨可靠连接，板板之间通过连接构造实现精确拼接。

结构楼板之下通过龙骨、吊杆等构造形成预留空腔，可以集成灯具、浴霸、风扇等设备及管线布置，饰面采用工厂一体集成，通过螺栓等和龙骨干法连接。

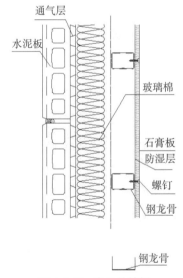

图 1.4-7　成品外墙板

地板采用温水地暖系统及先进的软水处理系统，在保证健康的居住环境的同时可以降低能耗、减少碳排放（图 1.4-8）。

图 1.4-8　室内全干法施工

（5）一体化机电系统

项目采用保温窗扇与热反射隔热双层玻璃，使全屋具备优异的气密性；通过可高效过滤 $PM_{2.5}$ 的全热交换器系统，以 24h 风量进行换气，将污浊的空气与热量一同排出，并对新风送气进行热量回收，可有效减轻空调负担，降低使用费用及能耗。

### 4. 结论及建议

项目通过前期的一体化集成设计、全产业链的成熟工业化部品部件供应及专业安装，实现了全装配式节能环保住宅的快速、高质量建造，主要做到了以下几点：

（1）前置的精细化设计与定位，在设计早期阶段确定材料及系统定位，并根据实际部品部件进行集成设计。

（2）钢结构主体布置大胆创新。根据建筑及装修功能要求适当调整，由两个方向的面内抗侧力"龙骨墙"体系分别承担各自方向的侧向荷载，梁仅承担竖向荷载，柱、梁布置具有极大自由性，也为建筑及装修的布置调整提供了最大自由度，同时有助于提高标准化、自动化加工及安装效率。楼盖全预制采用干法密缝拼接。

（3）通过高质量环保材料的使用，营造健康舒适的室内环境。

（4）采用配套的成熟部品部件，实现建筑高效率、高质量。钢结构住宅大范围推广，必须依赖于配套部品部件的完善成熟。

（5）提倡设备的管线分离，便于后期的使用改造及管线的维护。

项目名称：积水姑苏裕沁庭·锦苑

项目报建名称：苏地 2010-B-67 号地块一期开发项目

建设单位：积水常承（苏州）房地产开发有限公司

设计单位：上海中森建筑与工程设计顾问有限公司

装配式技术支撑单位：上海中森建筑与工程设计顾问有限公司

施工单位：积水萌柏（北京）建设工程有限公司

构件生产单位：积水好施新型建材（沈阳）有限公司

开、竣工时间：2011.9~2015.9

### 1.4.2　长宁古北社区 W040502 单元 E1-10 地块租赁住房项目

本项目是对内装工业化租赁住房的领先实践，采用建筑信息模型 BIM 技术、装配式内装进行室内装修，减少了建筑垃圾与碳排放。采用模块化设计的理念实现租赁型住宅的灵活可变，以满足长期居住的全生命周期使用需求，同时用装配式内装的工业化生产和毫米级误差的品质管控，确保了批量化实施后的质量稳定性和后期维修拆改的便利性，为未来的租赁住房项目提供了有益的经验和示范。

**1. 工程概况**

长宁古北社区 W040502 单元 E1-10 地块租赁住房项目，地处古北社区，周边交通和公共配套设施完善。本项目建筑面积为 44809.37m²，建设主体为两栋高层租赁住房，地上 16 层，地下 2 层，地上 2 层为配套商业，3~16 层则为租赁住宅，总套数达 374 户。项目采用建筑信息模型 BIM 技术，并采用装配式内装进行室内装修（图 1.4-9）。

**2. 装配式内装设计**

本项目以《上海市租赁住房规划建设导则》为依据，提供了 5 款不同面积的标准化租赁住房产品，从 36m² 到 78m² 不等（图 1.4-10），这种标准化的空间模块可以在一定程度上避免产生户型短板（图 1.4-11），满足单人居住、双人居住和一家人居住的使用场景，满足多层次人群的住房需求。基于建筑主体与内装修分离的装配式内装技术，也更符合灵活可变的租赁住房居住空间的打造需求（空间效果见图 1.4-12）。

图 1.4-9　项目效果图

图 1.4-10  5 款标准化户型示意图

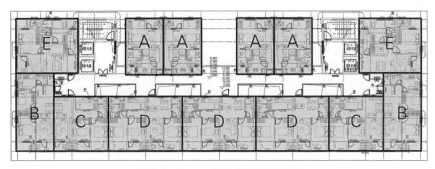

图 1.4-11  一整层的平面示意图

本项目打造的这 5 款空间产品均为大开间设计，空间内部的厨房、卫生间、套内房间之间的墙体都是非结构墙体，采用的是非砌筑的干式工法，本项目使用了套内隔墙（图 1.4-13）和三层静声轻钢龙骨隔墙（图 1.4-14）两种装配式隔墙系统，以达到不同层次的隔声需求（图 1.4-15），可以实现轻松拆改、快捷安装，不仅不会产生大量建筑垃圾，龙骨等耐久性好的环保基材还可以循环利用，有利于建筑垃圾减量化运动的推进。

本项目的厨房、卫生间空间采用装配式的集成厨房（图 1.4-16）、集成卫生间系统（图 1.4-17），厨卫空间的墙面采用的是干法墙饰面系统结合自愈的卷材防水系统，顶面采用的是板式集成吊顶系统，不仅最终呈现效果好，且防水耐污、杜绝渗漏。

在布线层面，本项目采用 SI 布线体系（图 1.4-18），在建筑墙体上通过墙面龙骨找平形成空腔走管线、避免墙面开槽、穿管穿线等工序，在轻钢龙骨内嵌走管线，有双层隔声棉和隔声毡，安装底盒隔声效果不受影响，便于后期维修改造，避免对建筑墙体造成伤害。

作为位于国际高端社区和国际高端人才聚集地——古北的一个项目，这个项目在居住品质上的要求较高，装配式内装的部品部件不仅品质高、效果好，能够适应在古

**图 1.4-12 套内效果图**

（a）A 户型客餐厅效果图；（b）B 户型客餐厅效果图；（c）C 户型卧室效果图；（d）D 户型客餐厅效果图；
（e）E 户型客餐厅效果图

北居住的精英人群的喜好和诉求，同时其技术工艺与灵活可变的空间设计具有极高的
适配度，让全生命周期的住宅可以轻松实现。

### 3. "两提两减"措施及成效

（1）装配化施工，提高施工效率——全干法、去手艺、无施工间歇

装配式内装采用工业化的生产方式，具有标准化、模块化、装配化的特点，改变

由隔墙龙骨、隔声棉、石膏板、横向找平龙骨组成，适用于直接安装各类饰面墙板。

图 1.4-13 非砌筑内隔墙——套内隔墙

由隔墙龙骨、石膏板、隔声棉、树脂垫块和横向找平龙骨组成，适用于直接安装各类饰面墙板。三层隔声构造约195mm 厚，能提供超过50dB 的隔声量

图 1.4-14 非砌筑内隔墙——三层隔声轻钢龙骨隔墙

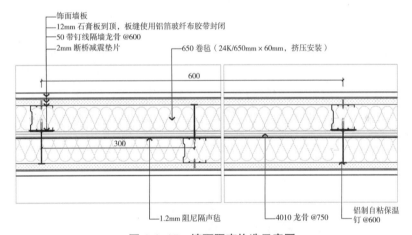

饰面墙板
12mm 石膏板到顶，板缝使用铝箔玻纤布胶带封闭
50 带钉线隔墙龙骨 @600
2mm 断桥减震垫片

650 卷毡（24K/650mm×60mm，挤压安装）

600

300

1.2mm 阻尼隔声毡

4010 龙骨 @750

铝制自粘保温钉 @600

图 1.4-15 墙面隔声构造示意图

图 1.4-16 集成厨房实景图

图 1.4-17 集成卫生间实景图

图 1.4-18 SI 布线系统示意图

了原来的生产方式,用"工艺"取代了"手艺",缓解了用工不足,更重要的是,标准化的产品可以实现规模生产,大大提高生产、供应效率,最大限度地避免了在项目现场的施工环节,现场只需对各个模块进行装配化安装(图 1.4-19、图 1.4-20),大大简化了工种工序。

另一方面,装配式内装采用建筑主体与内装修分离的 SI 体系,全干法施工,不需

图 1.4-19　墙面调平龙骨安装 + 饰面墙板安装

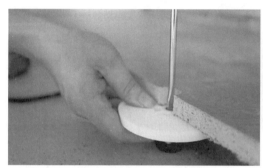

图 1.4-20　地面架空地坪安装

要水泥、砂浆、腻子、涂料，因此不受气候因素影响，无施工间歇，在同等用工量的情况下，此项目所采用的装配式施工方式可以较传统装修节约工期近 50%，多维度降低成本。

（2）信息化管理，提高管理效率——全流程管控生产、物流、现场安装

基于模块化 + 装配式的技术体系与部品系统，与 BIM 的设计方式相结合，能够实现空间设计的高效快捷，包含深化设计、部品选用、成本核算的一体化全过程解决方案。同时基于当下 VR、AR 技术与设备的发展，BIM 设计方案（图 1.4-21）可以更加直观地呈现出空间的最终效果，并进行交互式体验。

本项目采用装配化内装解决方案提供商自主开发的部品信息化管理系统，实现了部件下单、生产、物流及交付全程信息化管理，确保了项目的顺利建成。

（3）不用水泥、可逆化、可循环——"双碳"目标新路径

装配式内装是建筑工业化的重要组成部分，成熟的装配式内装解决方案应基于完整的模块化集成技术和工厂化生产的模块化部品，便于预先控制部品的材料标准、构造标准，并为更进一步实现不用水泥、可逆化拆换、可回收再利用创造了条件。

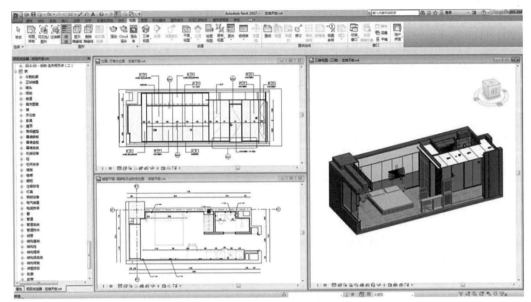

图 1.4-21　BIM 设计示意图

例如墙面采用调平龙骨系统、地面使用架空地坪系统避免了大面积使用碳排放大户——水泥抹灰、找平，而调平构造所使用的轻钢材料都是可循环再利用的。

例如 PVC 材质的墙板，回收价格达到了 2000 元 /t；而石膏基材质的墙板本身就是热电厂废料的再利用。

饰面层与调平连接部件采用非锁扣的粘、挂等可逆化结构时，维修、更新甚至单块拆换都可以轻松实现，更进一步通过延长内装使用寿命，减少改造、改建垃圾的方式减碳。

（4）装配式内装效益分析

与传统装修方式相比，采用模块化＋装配式的内装解决方案，可以有效缩减工期、降低人工成本、提升装修品质，综合效益得到提升。

经济层面上，集成技术体系的完整性和部品系统的成熟度、标准化对成本影响较大，本案采用的多腔静声轻钢隔墙、集成厨房、集成卫生间、墙板系统等，能够降低初期投入或运营维护成本，延长内装使用寿命，实现经济效益的提升。

社会层面上，装配式内装与传统装修相比，施工现场的噪声、粉尘大幅降低，装修工人工作环境得以改善。同时，减少水泥用量、延长内装使用寿命、减少再次改造时的垃圾排放等都为住宅建设减碳提供了新路径。

### 4. 结论及建议

长宁古北社区 W040502 单元 E1-10 地块租赁住房项目携手品宅装饰科技，进行的装配化租赁住房实践，打造出高环保、高效率、高品质的租赁住房产品，为装配式内装的租赁住房项目提供了范本。

**项目名称**：长宁古北社区 W040502 单元 E1-10 地块租赁住房项目

**项目报建名称**：长宁古北社区 W040502 单元 E1-10 地块租赁住房项目

**建设单位**：上海地产集团

**总承包单位**：中国五冶集团有限公司

**装配式部品提供单位**：上海品宅装饰科技有限公司

**内装设计单位**：上海品装建筑装饰设计咨询有限公司

**内装施工单位**：上海集栋装饰工程有限公司

**开、竣工时间**：2021.7~2021.9

### 1.4.3 华建集团装配式建筑集成技术试验楼工程

华建集团装配式建筑集成技术试验楼工程采用装配式装修技术、部分包覆钢－混凝土结构体系、单元式集成混凝土外挂墙板体系等多种装配式建筑集成技术，实现内装修全干式施工、主体结构施工免模免撑、建筑外围护饰面保温一体化，降低装配式建筑施工难度，节省人力、物力，缩短工期，减少对环境的污染，建成可持续发展的高品质建筑，最终实现装配式建筑"两提两减"的目标。

#### 1. 工程概况

华建集团装配式建筑集成技术试验楼建设在上海市沪南公路 8999 弄 1 号上海浦砾珐住宅工业有限公司生产基地，总建筑面积 335.62m²，建筑为 2 层，建筑总高度 8.1m，单体预制率为 62.65%，装配率为 85.25%。一层功能为技术展示厅、小会议室和设备间；二层功能为大空间居住功能用房。装配式集成技术试验楼项目实景如图 1.4–22 所示。

本工程为上海地区首个主体结构采用部分包覆钢－混凝土 PEC 组合结构的装配式建筑，如图 1.4–23 所示，楼板采用大跨度预应力空心楼盖，形成免次梁的大跨空间结构。外围护系统采用单元式集成 UHPC 超高性能混凝土外挂墙板，如图 1.4–24 所示。试验楼内装采用装配式装修技术，包括装配式墙面、装配式楼地面、装配式隔墙、集成式厨房等系统，如图 1.4–25 所示。一层会议室顶板采用辐射供冷供热集成叠合楼板技术，以太阳能集热器、空气源热泵以及自来水作为系统冷热源构建多能互补系统，

图 1.4–22　试验楼实景图

图 1.4-23　部分包覆钢 – 混凝土组合结构

图 1.4-24　单元式集成混凝土外墙

图 1.4-25　装配式内装和可移动内隔墙

图 1.4-26　辐射供冷供热集成叠合楼板技术

提高用能效率，最大限度地降低空调能耗，如图 1.4-26 所示。

### 2. 装配式建筑设计

华建集团装配式建筑集成技术试验楼设计采用三个原则：

（1）可持续大空间设计原则。本项目通过考虑建筑主体结构的使用寿命与建筑功能变化频率的关系，采用大空间设计模式，实现建筑空间的可持续发展。二层居住空间在平面布置遵循"潜伏式设计"的理念，即在建筑平面方案设计阶段就最大限度地减少将来对原住宅全生命周期改造的障碍。平面布置设计考虑了建筑"核心家庭 – 二孩家庭 – 适老性住宅"的全生命周期的变化，并做了相应的平面变化方案，如图 1.4-27 所示。为实现建筑大空间可变设计，结构采用部分包覆钢 – 混凝土组合结构体系和预应力空心楼盖技术，实现结构大空间，降低结构对建筑空间未来改造的影响。

（2）集成技术设计原则。本项目集成技术设计原则包括两方面：一是对装配式技术进行集成；二是对预制构件的功能集成。本项目中设计并应用两项集成构件：单元式集成 UHPC 超高性能混凝土外挂墙板和集成供冷供热辐射楼板。

（3）数字信息化设计原则。本项目在建造前应用 BIM 技术搭建数字化平台，并在数字平台上完成试验楼 BIM 模型的装配式建筑设计、装配式建筑模型校对以及施工建造模拟。

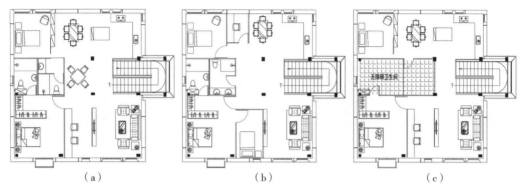

**图 1.4-27　全生命周期可变平面设计**

（a）可变方案 A- 核心家庭；（b）可变方案 B- 二孩家庭；（c）可变方案 C- 适老性住宅

### 3."两提两减"技术措施及成效

以下主要从单元式集成混凝土外挂墙板体系、装配式装修技术两个方面介绍本项目的"两提两减"技术措施及成效。

（1）单元式集成混凝土外挂墙板体系（图 1.4-28）

本项目外围护系统采用单元式集成混凝土外挂墙板，该外围护体系"两提两减"的优势体现在以下几个方面：

1）高强轻质。外挂墙板采用 UHPC（Ultra-High Performance Concrete，超高性能混凝土）材料。UHPC 是一种兼具钢材强度（抗压强度 120~220MPa）、木材韧性（抗弯强度 50MPa）以及超强耐久性能（超过 150 年的结构耐久性）无机非金属新型复合材料，抗压强度为传统混凝土的 5~8 倍。项目研发的单元式集成混凝土外挂墙板强度高、厚度薄，自重仅为等面积普通预制混凝土外挂墙板的 1/3，从而降低了主体结构和

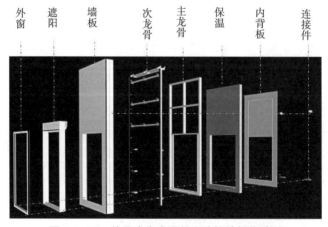

**图 1.4-28　单元式集成混凝土外挂墙板构造图**

基础的造价。

2）保温隔热性能好。装配式单元集成墙板系统构造如图 1.4-28 所示，采用封闭的单元墙板系统，UHPC 外饰面、不锈钢内饰板、岩棉保温材料和轻钢龙骨骨架在工厂集成生产整体墙板，有效地提升了围护结构的热工性能，墙板之间的构造防水和材料防水结合，对墙板接缝位置的冷热桥进行了合理构造处理。

3）多功能集成墙板。本项目外墙集成了外饰面、内保温、外遮阳、外阳台、门窗等多种功能（图 1.4-29、图 1.4-30）。高度集成要求在构件初期设计时，将设计深化、各专业配合、生产、运输和安装的各阶段工作考虑其中，建筑设计师可以更加精确地把控后期建成的效果。

4）施工便捷，维护成本低。工厂预制一体化混凝土外挂墙板简化了外围护施工步骤，通过合理地安排构件堆放场地和吊装提高安装效率。本项目单元集成外挂墙板采用 3cm 的 UHPC 混凝土外饰面，构件整体重量轻，降低了施工难度。

5）环保绿色，可持续。预制构件可装配，也可以拆卸，集成材料也可拆解、回收、再利用。本项目单元式集成混凝土外挂墙板采用 UHPC 材料，耐久性好，耐污易清洁，减少了外围护使用阶段的维护费用。

图 1.4-29　集成阳台设计　　　　　　图 1.4-30　集成外遮阳设计

（2）装配式装修技术

与传统装修相比，装配式装修采用干法施工，其一体化的设计、标准化的生产、装配化的安装方式，能够有效减少高耗能、建筑垃圾、噪声、粉尘污染等问题，在建筑全生命周期实现减排降碳。本项目采用的装配式装修技术如下：

1）装配式墙面系统

试验楼一层项目会议和展厅空间采用竹木纤维板装配式墙面系统，二层居住空间采用镀锌钢板装配式墙面系统。装配式墙面系统采用龙骨调平和饰面板代替了传统墙面装修湿作业，施工便捷迅速，质量可控、绿色环保；在顶角、踢脚、洞口均采用专用型材进行收口，具有拆卸、替换方便的优势。

2）装配式可拆卸隔墙系统

项目采用全钢制装配式可拆卸隔墙系统，由竖龙骨、天地顶底槽、顶部连接件、面板、构配件等组成，见图1.4-31。该系统采用钩挂的方式进行软连接，可反复进行无损拆卸、更换，亦可以异地重复利用，具有施工便捷、绿色环保、耐久性佳等优势。

3）装配式楼地面系统

本项目的装配式楼地面系统由SPC石塑地板面层、中高密度水泥压板基层和地脚螺栓调平件组成，架空高度为4cm。该系统可直接在原有的结构楼板上用地脚螺栓进行调平，无需重新找平，面层采用锁扣连接，具有快速铺装、可重复利用、无甲醛等优势，减少了建筑建造、拆卸环节的碳排放（图1.4-32）。

4）集成厨房系统

本项目采用集成厨房系统，厨房区域的地板、墙面、橱柜皆采用装配式施工，如图1.4-33所示。其中，橱柜采用SMC材料一体化压制而成，由900mm、300mm、750mm

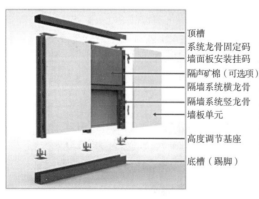

顶槽
系统龙骨固定码
墙面板安装挂码
隔声矿棉（可选项）
隔墙系统横龙骨
隔墙系统竖龙骨
墙板单元

高度调节基座

底槽（踢脚）

**图1.4-31 装配式全钢制可移动隔墙系统**

的模块组成。集成式厨房系统的使用替代了传统厨房装修铺砖等工序的湿作业，橱柜台面不需要现场切割制作，减少了现场的粉尘和用水用电，大大降低了建造环节的碳排放。

### 4. 结论及建议

华建集团装配式建筑集成技术试验楼项目通过多种装配式集成技术应用实现"双提双减"目标。项目集成了部分包覆钢－混凝土结构体系、单元式集成混凝土外挂墙板体系、装配式装修技术等多项前沿技术，以高度灵活的大空间设计和高质量的部品与部件为载体，为高品质装配式建筑一体化建造提供保障。通过预制构件工业化生产，主体结构螺栓连接实现免模免撑，外围护体系和内装修体系全干法施工，缩短了工期，节省了人力成本和材料成本，减少了建筑垃圾和环境污染。

装配式建筑技术集成是新型建筑工业化发展的趋势，然而，高度集成也对设计、生产、施工等阶段的协作和管理提出更高的要求。其中，误差管理是非常重要的环节

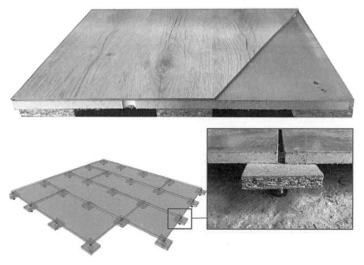

图 1.4-32　装配式楼地面系统

图 1.4-33　集成厨房系统

之一。在设计和建设过程中只关注出厂时的构件误差而忽略了构件之间连接时因各种原因造成的误差将会导致施工困难，造成预制构件大量的返厂修复甚至重新生产。通过本项目实践，建议误差管理应做到如下几点：

（1）控制现浇或者预制基础的误差；

（2）严格控制预制构件的外形尺寸与预埋件的安装精度，尽量减少纯手工作业；

（3）尽量减少现场的焊接作业，在保证构件精度的前提下，定位埋件最好在工厂进行安装；

（4）本项目的外挂墙板考虑经济性因素，采用木模具进行制作，其精度和平整度控制稍显欠缺，在标准化程度高或同一构件重复利用率高的情况下，建议采用钢模或者其他自动化方法提高精度；

（5）做好预制构件和部品在运输和堆放期间的成品保护。

发展装配式建筑集成技术是理念的转变、模式的转型和产品的创新，需要从源头上改变传统建造模式下设计思维和建造习惯，改变设计与建造相离的工作方法。本项目的实施实现建筑、结构、外围护系统、设备与管线系统、内装系统的工业化生产和技术集成，实现建筑、结构、机电和装修全专业协同集成，实现建筑师牵头，统筹规划、设计、生产、施工和运维的全过程集成。

**项目名称：** 华建集团装配式建筑集成技术试验楼工程

**项目报建名称：** 华建集团装配式建筑集成技术试验楼工程

**项目地点：** 上海市浦东新区

**建设单位：** 华东建筑集团股份有限公司

**设计单位：** 华东建筑设计研究院有限公司

**装配式技术支撑单位：** 华建集团上海建筑科创中心

**施工单位：** 华建集团建设咨询有限公司

**构件生产单位：** 浙江绿筑集成科技有限公司（部分包覆钢－混组合结构）、上海城建建设实业集团新型建筑材料有限公司（SP预应力空心楼板）、上海浦砾珐住宅工业有限公司（集成辐射预制混凝土楼板）、上海汇辽科技发展股份有限公司和上海玻机智能幕墙股份有限公司（单元式混凝土外挂墙板）、上海品宅装饰科技有限公司和上海森临建筑装饰系统有限公司（装配式内装修）、上海汇辽科技发展股份有限公司（室外预制架空地坪）

**开、竣工时间：** 2018.6~2018.12

# 第 2 章

## 高效施工

### 2.1 免模免（少）撑

通过采用免模免（少）撑技术，可取消或减少现场水平构件的模板和支撑用量。目前采用较多的预制板类型有预应力混凝土双 T 板、预应力大跨度空心板、PK 板、华夫板、钢筋桁架楼承板等，这些预制板可实现大跨度免模免（少）撑。预制构件间连接也可采用牛腿搁置、钢企口、钢支托等方式来实现免模免撑，提高现场施工效率，减少人工和材料用量。

本节案例采用多种方式实现免模免撑，"奉贤区南桥新城 10 单元 07B-02 区域地块项目"和"杨浦区内江路小学迁建工程"均采用预应力双 T 板 + 带挑耳预制梁；"辽宁省大连市某多层电子工业厂房"项目采用预制节段柱 + 带挑耳预制梁 + 预制双 T 板、预制华夫板等；"新建星河湾中学项目"主次梁采用钢企口连接、框架梁柱采用钢支托作为临时支撑；"美乐家日用清洁用品及化妆品研发、生产项目"和"汽车紧固件产业基地综合车间"项目均采用预应力大跨度空心板 + 带挑耳预制梁；"金山西圣宇轨交机器人智能交付中心建设项目"采用波纹钢板组合框架结构体系（甲壳梁 + 甲壳柱 + 钢次梁 + 钢筋桁架楼承板）。

### 2.1.1 奉贤区南桥新城 10 单元 07B-02 区域地块项目

奉贤区南桥新城 10 单元 07B-02 区域地块项目采用了先张法混合配筋预制预应力混凝土梁、预制双 T 板和现浇柱牛腿等技术措施后，达到现场免模免撑的目的，缩短了项目工期，提高了工程质量，减少了现场人工以及现场模板、混凝土等废弃物。

#### 1. 工程概况

奉贤区南桥新城 10 单元 07B-02 区域地块项目位于金海公路以东，南港路以北，地块总用地面积为 6637.40m²。项目总建筑面积 324361.02m²，其中地上总建筑面积为 206143.68m²，地下总建筑面积为 118217.34m²。由 1 号楼、2 号楼和 15 号楼组成。本项目重点介绍 2 号楼实施情况。

2 号楼建筑功能为公交停车场，单体建筑面积 11161m²。建筑平面轮廓 105.1m×64.7m，平面设置一条伸缩缝，典型柱跨为 12m 和 15m，地上两层，层高为首层 5.9m，二层为 5.55m。结构体系为装配整体式框架结构。采用的预制构件类型为：先张法混合配筋预制预应力混凝土梁（以下简称"预应力混凝土梁"）、预制双 T 板（图 2.1-1）。

#### 2. 装配式建筑设计

本项目二层建筑平面图、建筑立面图分别如图 2.1-2 和图 2.1-3 所示。二层预制双 T 板平面图如图 2.1-4 所示，二层预应力混凝土梁平面图如图 2.1-5 所示。

图 2.1-1 效果图

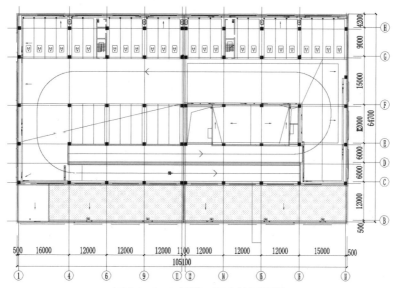

图2.1-2 2号楼二层建筑平面图

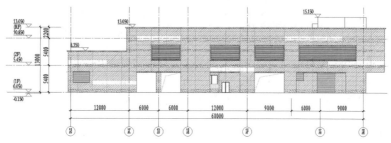

图2.1-3 2号楼建筑立面图

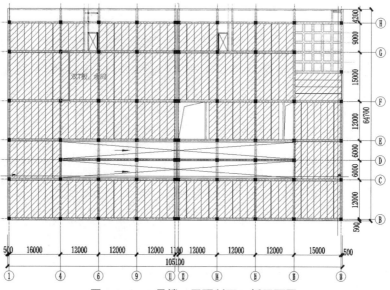

图2.1-4 2号楼二层预制双T板平面图

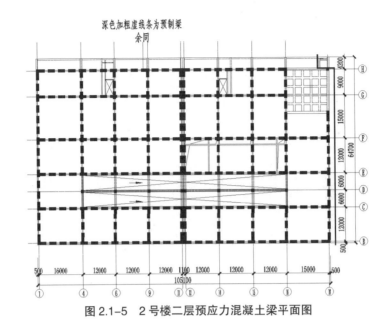

图 2.1-5　2 号楼二层预应力混凝土梁平面图

### 3. "两提两减" 技术措施及成效

本项目实施过程中，采用了预制双 T 板、预应力混凝土梁和现浇柱牛腿等技术措施，并产生了相应成效。

（1）免模免撑

1）预制双 T 板

预制双 T 板作为成品标准构件，大批量地使用可以摊销模具成本，减少构件类型，降低管理和施工成本。预制双 T 板本身不出筋，预应力在工厂采用先张法完成，工序简单可靠，预制双 T 板安装过程中可以实现免支撑、免支架，避免高支模作业，极大地提高了现场安装效率，实现"设计标准化、部品工厂化、施工装配化"的工业化建造方式。

2）预应力混凝土梁

预应力混凝土梁采用预应力钢绞线先张法工艺生产，形成先张法预制构件，如图 2.1-6 所示。

在装配式建筑的建造过程中，实现免模免撑的施工方式是提高施工效率、降低资源

图 2.1-6　预制预应力混凝土梁

消耗的重要途径。预制预应力混凝土梁作为其关键技术，配合免撑的预制双 T 板，可以实现上述施工方式。施工时预制梁搁置在现浇柱牛腿上，预制梁设置挑耳，预制双 T 板搁置在挑耳上，预制梁、预制双 T 板按照施工荷载下的免撑设计，实现施工过程中免模免撑作业。

预制预应力混凝土梁和预制双 T 板通过应用高强预应力筋，减小构件尺寸和材料消耗量，实现节材；在施工过程中，实现了免模免（少）撑、减少人工、减少大量模板、支架，节省施工措施费用，建造过程高效，综合效应显著，符合新型建筑工业化的发展方向。

3）免模免撑设计要点

预应力可提高预制预应力混凝土构件的刚度，并按现行国家标准《混凝土结构设计规范》GB 50010 和《混凝土结构工程施工规范》GB 50666 的有关规定对其进行生产阶段（有效预应力的计算、预应力放张验算和脱模吊装验算）和施工阶段验算，控制预应力混凝土构件在短暂设计状态下的裂缝和挠度，实现施工阶段中的免撑作业。

预制预应力构件施工完成后，作为结构构件，应对持久设计状况，进行承载力、变形、裂缝控制验算；对短暂设计状况、偶然设计状况、地震设计状况，进行承载力验算。

预应力混凝土梁构件表面可设置 2 根预应力筋，避免预应力张拉导致预应力混凝土梁上部开裂（图 2.1-7）。

**图 2.1-7  预应力梁下免撑作业**

（2）现浇柱牛腿

现浇混凝土框架柱在梁底设置混凝土牛腿。待现浇混凝土框架柱及现浇牛腿达到设计要求强度后，吊装预制预应力混凝土梁，预制预应力混凝土梁搁置在柱侧牛腿上，预制双T板搁置在预制预应力混凝土梁侧的挑耳上，搁置点处放置垫片。施工过程中构件自重、叠合层自重、施工荷载等通过预制预应力混凝土梁侧的挑耳、柱牛腿可靠传力给柱中，形成双T板—挑耳—预制梁—柱牛腿的传力路径，实现施工工况下免模免（少）撑。双T板和预制预应力混凝土梁按照两端简支进行施工荷载验算，满足承载力、裂缝和挠度等要求，实现免撑。

预制预应力梁的挑耳和现浇柱牛腿应根据《混凝土结构设计规范》GB 50010的有关规定进行局压验算，并满足《混凝土结构设计规范》GB 50010的构造要求。

**4. 结论及建议**

（1）本项目采用先张法混合配筋预制预应力混凝土梁、预制双T板和现浇柱牛腿等技术措施后，实现了免模免撑的目的，缩短了项目工期，提高了工程质量，减少了施工人工，现场无建筑垃圾。

（2）预制预应力梁、预制双T板和柱牛腿的组合方案适用于模板支撑措施费用较高、构件尺寸较大、截面尺寸受挠度裂缝控制的项目，如具有层高较高、跨度较大、使用荷载较重等特点的建筑单体。

**项目名称**：奉贤区南桥新城10单元07B-02区域地块项目

**项目报建名称**：奉贤区南桥新城10单元07B-02区域地块项目2号楼（公交车停车场）

**项目地点**：上海市奉贤区

**建设单位**：上海湖垚房地产有限公司

**设计单位**：上海天华建筑设计有限公司

**装配式技术支撑单位**：上海天华建筑设计有限公司

**施工单位**：中亿丰建设集团股份有限公司

**构件生产单位**：江苏枫达建筑科技有限公司

**开、竣工时间**：2021.10~2021.12

### 2.1.2　辽宁省大连市某多层电子工业厂房

大连市某多层电子工业厂房为装配整体式混凝土框架结构，具有层高高、跨度大、截面尺寸大的特点，结构采用"预制节段柱＋预制叠合带肋板＋全预制华夫板＋钢桁架屋面"。该项目以设计标准化、部品工厂化和施工装配化为设计导向，按照标准化的原则进行结构设计和预制构件布置，所有结构构件在工厂大批量生产，采用全装配化、免支撑、免支架方式进行施工。在连接设计时按照"整体式"的原则，通过满足标准、图集要求的节点设计实现了"等同现浇"的理念。在满足结构设计要求和安全可靠的前提下，在工期、质量和综合经济成本上取得较好效益。

**1. 工程概况**

本项目位于辽宁省大连市，建筑面积约 8 万 $m^2$，地上 3 层，局部 5 层，平面尺寸为 210m×172m，平面未设缝。柱网为 7.2m×7.2m，各层高度分别为 8.925m、6.575m 和 5.48m。项目中 ±0.000 以上所有的混凝土结构主体构件均采用了全预制或者部分预制，详见图 2.1-8。采用的预制构件类型为：预制节段框架柱、预制叠合框架梁、预制叠合带肋板、全截面全预制华夫板、预制楼梯梯板、预制楼梯平台板和预制混凝土墙。

**2. 装配式建筑设计**

本项目建筑剖面图如图 2.1-9 所示，二层楼面主要是预制叠合带肋板，三层楼面主要是全预制华夫板。

图 2.1-8　效果图

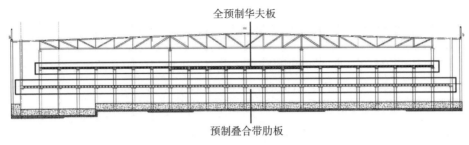

全预制华夫板

预制叠合带肋板

图 2.1-9　建筑剖面图

### 3."两提两减"技术措施及成效

本项目实施过程中，采用了预制节段柱、预制叠合带肋板、全预制华夫板等预制构件，以及便于施工的连接节点技术，实现了现场免模免撑施工。

（1）免模免撑

在预制构件上设置了梁上挑耳、柱上牛腿分别搁置预制叠合带肋板、全预制华夫板和预制框架梁。预制构件本身根据未叠合前实际截面按照单跨简支进行了施工阶段验算，通过增加配筋来满足验算要求，牛腿和挑耳按照施工阶段的要求进行设计，实现了免支撑施工。详见图 2.1-10 和图 2.1-11。

1）预制节段柱

柱应用预制的比例为 100%。根据工程整体策划，现场采用两层通高的节段柱退台法吊装，可提高吊装效率并减少一次柱–柱连接工序，见图 2.1-12。节段柱楼层梁搁置处设置混凝土牛腿，牛腿按照施工工况和实际使用工况进行设计，以实现免支撑的吊装作业方式，减少了现场工序和人工。节段柱在梁柱核心区位置预留缺口，纵筋贯通，箍筋预留。为了便于梁纵筋的安装，保证核心区的施工质量，本项目通过计算，增大了缺口区贯通纵筋配筋量，保证生产和安装时连接可靠。

2）预制叠合带肋板

二层楼面的预制构件包括预制叠合带肋板和预制叠合梁，预制构件平面投影面积占比 100%。二层楼面典型跨详见图 2.1-13。Y 方向为预制带挑耳的框架梁，叠合层 250mm 厚。X 方向仅布置了密拼的预制叠合带肋板，按照 2.4m 的标准模数展开布置形成楼面，单个构件呈双 T 形，个别单 T 形，肋梁底筋出筋，搁置在 Y 方向框架梁挑耳上，带肋板叠合层 120mm 厚，单肋尺寸为 250mm×800mm（含叠合层）。每个柱跨内布置三块双 T 形梁板，标志宽度为 2.40m，长度为 6.1m。

本项目，带肋板端部搁置处设置一条 150mm×375mm（高）的封边竖板。肋梁为变截面梁，跨中梁高为 800mm，支座处梁高为封边竖板高和叠合板之和，取 495mm

图 2.1-10　预制梁 – 柱免撑作业

图 2.1-11　预制板 – 梁免模作业

图 2.1-12　预制节段柱

图 2.1-13　二层楼面结构布置

高。封边竖板可将肋梁处对挑耳的作用转换为线性荷载，同时也作为预制框架梁叠合层的侧模，免除现场的支模作业。

3）全预制华夫板

三层楼板的预制构件包括全预制华夫板和预制叠合梁，预制构件平面投影面积占比 100%。三层楼面典型跨详见图 2.1-14，X 方向为预制带挑耳的框架梁，叠合层200mm 厚，Y 方向为全预制华夫板，其结构受力本质为单向密肋梁，受力密肋梁均沿Y 方向单方向布置，X 方向设置构造梁。每个柱跨内分为三块全预制华夫板，无叠合层，每块全预制华夫板 2450mm 宽，长度为 6.1m，厚度分为 700mm 和 1000mm 两类，单块重量约为 16t 和 22t。

全预制华夫板见图 2.1-14。密肋梁为变截面梁，跨中高度 700mm（1000mm）高，支座处截面高度为 350mm（650mm），搁置在预制框架梁挑耳上，同时对预制框架梁的叠合层形成围合，避免支模。密肋梁支座处顶筋出筋，按照单跨铰接设计。全预制

图 2.1-14　全预制华夫板

华夫板侧边设置 150mm 高的挑耳,相邻全预制华夫板之间拼合形成 500mm × 550mm (850mm)(高)的矩形空间。在与柱相连的轴线处,此部分现浇作为 Y 方向结构框架梁;非轴线处,此部分作为连接相邻全预制华夫板的现浇区段,以协调相邻全预制板形成整体楼盖。

4)其余预制构件

厂房屋盖为大跨度钢桁架,在整个结构 1/3 处和接近端跨位置,横向布置了四道托架,主桁架纵向布置,共 28 榀。为了控制标高精度,缩短混凝土部分和桁架安装这两道工序之间的间隔,托架钢柱均立于预制柱柱顶之上。预制柱顶预留抗剪键槽口和预埋螺栓,与钢柱底相连。预制柱安装完成后,直接或者仅需要浇筑少量核心区的混凝土即可进行钢结构安装作业。

为了避免楼梯间内出现现浇作业,提高装配化施工效率,楼梯间中所有构件均为全预制,预制混凝土墙上预留挑耳搁置预制平台板,预制平台板厚度为 250mm,侧边设置暗挑耳搁置预制梯板,预制梯板端部变截面与平台板吻合。图 2.1-15 为全预制平台板,图 2.1-16 为典型预制梯板。

(2)退台法吊装作业

二层楼面始终较三层楼面多一跨,并形成流水节拍。通过退台法(图 2.1-17)的吊装方式,集中利用大吨位履带吊,节省施工措施费用,节约工期和机械台班,减少现场人工。

### 4. 结论及建议

(1)工业建筑有自身的特点,适合采用预制装配式的建造方式,特别是对质量和工期要求比较高的项目。采用标准化程度高、工厂大批量生产的预制构件,按照免支撑、免支架的施工方式,有助于减少建造方式本身带来的成本增加。可以在工期、质量和综合经济成本上取得较好效益。

(2)通过预制节段柱、预制叠合梁、预制叠合带肋板、全预制华夫板等设计和应用,实现了电子厂房正负零以上所有构件均全预制或者部分预制;通过合理的结构布

图 2.1-15 全预制平台板

图 2.1-16 全预制梯板

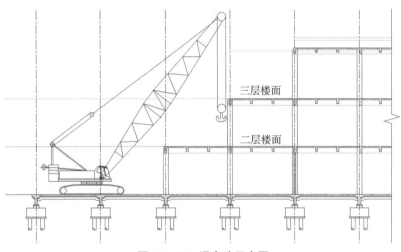
图 2.1-17 退台法示意图

置和预制构件设计，构件标准化程度较高，实现了"设计标准化、部品工厂化、施工装配化"的工业化建造方式。

（3）预制竖向构件和预制水平构件的连接选择合理的形式，实现了特殊工艺的设计要求，体现了预制构件连接设计的灵活性。

**项目名称：**大连市某多层电子工业厂房

**项目报建名称：**大连市某多层电子工业厂房

**建设单位：**某半导体有限公司

**设计单位：**信息产业电子第十一设计研究院科技工程股份有限公司

**装配式技术支撑单位：**上海天华建筑设计有限公司

**施工单位：**美施威尔（上海）有限公司

**构件生产单位：**大连大金马基础建设有限公司

**开、竣工时间：**2017.3~2018.8

### 2.1.3　新建星河湾中学项目

新建星河湾中学项目采用装配整体式框架结构，应用数字化技术开展深化设计优化、施工策划模拟、动态管理模式以及机电装修一体化四部分技术管理，减少现场施工碰撞，提升工作效率；研究主次梁构件连接方式优化技术，总结形成关键工艺和流程；创新应用可调端承式支座支撑体系及单元组合式立杆支撑体系，实现高效搭设支撑、高精度调节标高，减少现场排架搭设施工工作量及人员数量，有效提高装配式建筑的工业化水平，最终实现项目"两提两减"。

**1. 工程概况**

本项目位于上海市闵行区，工程总用地面积 43290m²，总建筑面积 49193.07m²，包括 1~3 号教学楼、多功能综合楼及配套设施等建筑。其中，1~3 号教学楼及学生宿舍楼为主示范区域，采用装配整体式混凝土框架结构，采用预制构件有叠合梁、柱、叠合板、楼梯梯段、空调板等，单体预制率约为 45%（图 2.1–18）。

**2. 装配式建筑设计**

1~3 号教学楼教室采用模数化、标准化设计，开间均为 9.0m，进深分别为 8.7m 和 8.0m，教学楼标准层层高均为 4.0m。通过梁柱截面归并减少项目构件种类。学生宿舍楼和教学楼标准层预制柱截面为一种（图 2.1–19、图 2.1–20）。

**3. "两提两减"技术措施及成效**

本项目研究主次梁构件连接方式优化技术。主次梁连接可以采用钢筋连接方式，主梁留槽后强度削弱过大，不利于运输及吊装，为方便现场施工，减少现场支模及钢筋绑扎工作量，深化设计优化采用搁置式主次梁节点连接方法。采用牛担板做法的主

图 2.1–18　项目效果图

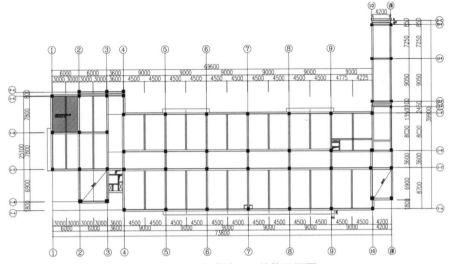

图 2.1-19　教学楼二层结构平面图

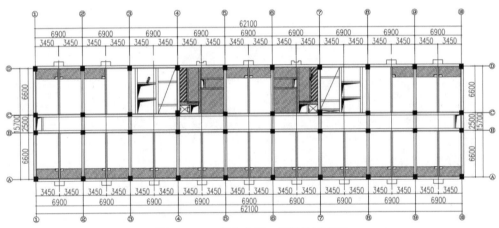

图 2.1-20　学生公寓二层结构平面图

梁开槽尺寸较小，切实解决了主梁开槽过大带来的主梁运输和吊装问题（图 2.1-21）。

节点设置为钢企口方式，在主梁相应位置留置搁置槽，槽口位置埋设金属板（图 2.1-22）。

本项目创新支撑体系，应用可调端承式支座支撑体系及单元组合式立杆支撑体系。可调端承式支座支撑体系，通过在预制柱及预制梁上预埋螺母，施工时，只需通过螺栓安装钢牛腿配件，即可达到支撑效果，节省排架支设时间，简便化施工（图 2.1-23~图 2.1-26）。

单元组合式立杆支撑由独立支撑、三脚支架、水平连系杆件组成。独立钢支柱采用插销粗调＋螺纹微调的钢支柱作为预制构件水平结构的垂直支撑，能够承受叠合梁、

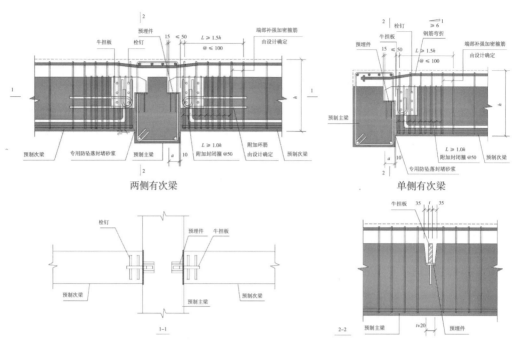

两侧有次梁 单侧有次梁

图 2.1-21　主次梁连接牛担板节点平面剖面做法示意图

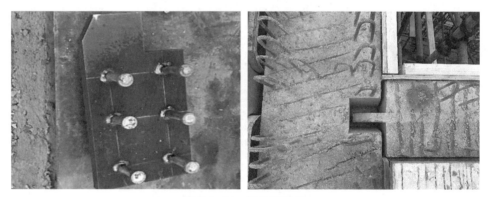

图 2.1-22　钢企口接头

图 2.1-23　钢牛腿

图 2.1-24　螺栓

图 2.1-25　支撑预制梁构件

图 2.1-26　支撑叠合板

叠合板的结构自重和施工荷载。折叠三脚架中心部位垂直方向上有 3 个角度不同的 120° 水平钢板锁具，靠偏心原理锁紧钢支柱，折叠三脚架打开后，抱住支撑杆，使支撑杆独立、稳定。支撑杆上部的 $\phi48 \times 3.0$ 钢管采用扣件与纵横两道水平钢管连系成整体，进一步提高整体稳定性。相比传统钢管脚手架体系，具有承载力更高、安装拆卸速度更快、操作更为简单的优势，有效应对较重的梁板构件及大体量预制构件施工。

图 2.1-27、图 2.1-28 预制叠合梁底和预制叠合板底采用单元组合式立杆支撑进行搭设。

图 2.1-27　叠合梁单元组合式立杆支撑

图 2.1-28　叠合板单元组合式立杆支撑

本项目应用以族构件为基础的预制框架结构数字化装配技术体系，该体系覆盖装配式建筑建造全生命周期。

本项目 BIM 技术应用框架如图 2.1-29 所示，主要集中在：深化设计优化、施工策划模拟、动态管理模式创新以及机电装修一体化四部分。

（1）通过深化设计，应用三维图纸检索技术，优化柱、主次梁核心节点区域钢筋，拼装模拟，模拟优化单层施工流程，指导现场施工。

（2）通过现场施工策划模拟，辅助施工总体施工计划的编制，通过 BIM 技术，达到在施工现场的漫游效果，传递包括施工总体规划、施工总平面布置、预制构件堆场

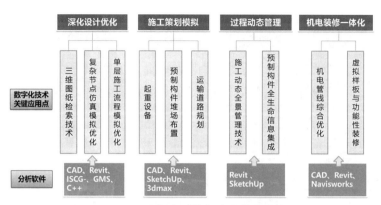

图 2.1-29 预制框架结构数字化装配技术体系

布置等信息，方便施工管理。

（3）协助构件管理，通过 RFID 芯片实时追踪和反馈构件状态信息，结合 BIM 模型，实现构件状态可视化，以不同颜色呈现预制构件从生产、储运、安装、验收全生命过程的不同状态，协助远程进度管理。

（4）机电装修一体化，管线综合优化，解决管线碰撞问题并为提高净空打下基础，提高空间使用效率。辅助功能性装修，实现点位规划、空间布局，将图纸的点位进行模型化展示并放置家具，检测点位是否符合使用要求。

### 4. 结论及建议

本项目采用了建造全生命周期数字化技术应用，起到了可视化模拟施工、动态可追溯管理的作用，有效提升工作效率，减少返工浪费。通过采用可调端承式支座体系及单元组合式立杆支撑体系，简化施工工艺，减少施工工作量，减少人工成本，提升施工过程安全性。主次梁连接节点采用钢企口连接，进一步优化了连接节点，减少钢筋碰撞，提高施工便捷度，具有一定推广价值。

**项目名称**：新建星河湾中学项目

**项目报建名称**：新建星河湾中学项目

**建设单位**：上海市闵行城市建设投资开发有限公司

**设计单位**：华东建筑设计研究院有限公司

**装配式技术支撑单位**：华东建筑设计研究院有限公司

**施工单位**：上海建工五建集团有限公司

**构件生产单位**：南通市康民全预制构件有限公司

**开、竣工日期**：2016.6~2018.1

### 2.1.4　美乐家日用清洁用品及化妆品研发、生产项目

该项目采用装配整体式框架结构，柱网规则且跨度较大，采用预应力混凝土空心叠合板，有效减少次梁数量，增大室内空间净高度。预制预应力钢筋混凝土空心板兼作施工底模板，可实现免模免支撑，减少现场人员数量及施工工作量，缩短工程工期，并能够减少后期混凝土及模板废弃物；同时预应力钢筋混凝土空心板便于规模化量产，有效提高工程质量，最终实现项目"两提两减"。

#### 1. 工程概况

本项目位于上海市奉贤区，项目基地占地面积 53851m²，总建筑面积 78341.37m²，其中地上 77109.35m²、地下 1232.02m²，地下一层。本项目是一个日用清洁用品及化妆品研发、生产基地，由 P1 联合厂房、物流中心、危险品库、坡道楼以及辅助用房等多个单体组成。本项目为装配式建筑，除配套用房外，单体预制率满足政策要求（图 2.1-30）。

P1 联合厂房建筑面积共计 44317.88m²，是多层丙类生产车间；由结构缝分割为四个规则的单体，采用装配整体式框架结构，抗震等级三级；预制构件类型包括预制柱、预制梁、预应力空心叠合板、全预制楼梯等。在设计过程中，采用 BIM 技术，模拟构件的拼装，减少安装时的冲突；框架柱 PC 构件上下柱钢筋连接采用灌浆套筒连

图 2.1-30　效果图

接，接头质量可靠，接头满足 I 级接头性能要求，增加了 PC 结构的施工使用率，提高了施工效率。预制柱设有安装牛腿，方便预制梁的安装，可达到快速高效施工的目的，节约预制构件安装时间，有效缩短工期。梁柱节点核心区及梁板叠合层采用后浇混凝土浇筑完成，整体结构受力性能等同现浇结构。大跨度预应力空心叠合板的使用节省了次梁，且大大提高了建筑使用净高；有效节约了模板、支撑等材料用量，减少了现场湿作业量，降低了粉尘和噪声污染，减少了污水排放和建筑垃圾，具有良好的环保效益（图 2.1-31）。

### 2. 装配式建筑设计

图 2.1-32、图 2.1-33 分别为 P1 联合厂房的建筑剖面图、建筑结构布置图。其中二层结构布置中取消大跨度车间工作区上方次梁，调整为预制预应力混凝土空心叠合板的形式（图 2.1-34~ 图 2.1-36）。

### 3. "两提两减"技术措施及成效

本项目实施过程中采用大跨度预制预应力组合构件，实现了免模免支撑。装配式

图 2.1-31 P1 联合厂房

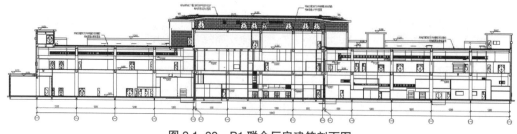

图 2.1-32 P1 联合厂房建筑剖面图

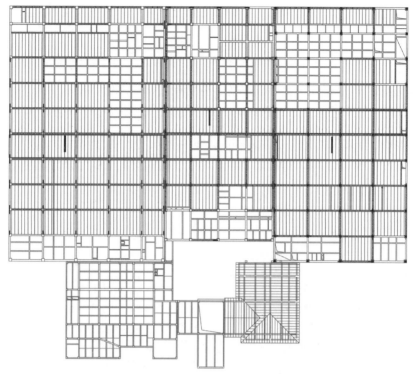

图 2.1-33　二层装配式结构平面布置图

建筑楼栋的跨度较大，常规混凝土设计会导致结构布置中次梁布置较密集，且梁高度较高，对室内净高度空间影响较大，而预应力空心叠合板由预应力混凝土空心板与叠合层组成，具有高强度、高稳定性、高跨度、高承载能力等特点，因而在前期方案对比中预应力空心叠合板结构布置方案能够减少次梁布置，有效控制净高，并减少工程混凝土的使用。

图 2.1-34　预应力混凝土空心叠合板现场照片

预应力空心叠合板装配式方案需结合主体设计单位，充分考虑预制构件生产、运输要求，并结合现场易建性的原则进行设计。预应力混凝土叠合板采取部分预制、部分现浇的方式，结合了现浇楼板和预制楼板的双重优点。其中的预制板在工厂内预先生产，现场仅需安装，不需底模板，施工现场钢筋绑扎及混凝土浇筑工程量较少，板底不需找平。预应力技术使得楼板结构含钢量减少，同时预制工厂化使构件的稳定性得以保证，与现浇楼板结构相比，具有明显的工期、质量、环保及造价等优势。预应力空心板工厂化生产，使用长线、多层叠加生产模式，具有很高的生产效率（图 2.1-37）。

本项目厂房面积很大，分成多个区域，分步施工。采用现浇做法，标准层工期35d，使用装配式框架和大跨度预应力空心叠合板后，标准层工期只用了25d。本项目的装配形式与传统现浇混凝土建筑比较：现场模板、支撑的施工作业和人工均减少约20%；综合现场的垃圾排放、用水、用电量均减少约30%。预制装配式现场施工以吊装为主，增加了 PC 安装工，减少了原有架子工、模板工和钢筋工的现场人员。

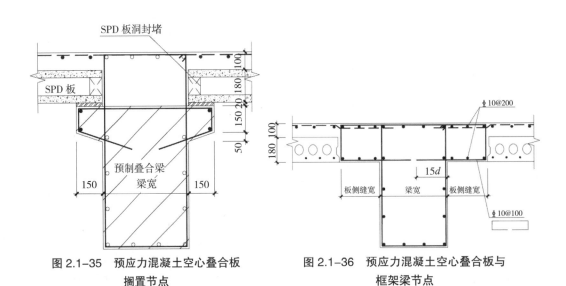

图 2.1-35　预应力混凝土空心叠合板　　　　图 2.1-36　预应力混凝土空心叠合板与
搁置节点　　　　　　　　　　　　　　　　框架梁节点

图 2.1-37　预应力空心板生产线

### 4. 结论及建议

预应力空心叠合板跨度大，可与城市建筑的框架、剪力墙、大开间支撑体等体系相匹配，解决了传统短板的应用局限性难题，且板的折算厚度小，可节省大量混凝土。预应力空心叠合板具有构件轻，易施工（免模板），强度高，经济性好，承载力高，外观尺寸误差小，平整度好，防渗、抗震、隔声性能好，耐火等级高，施工安装快捷，不受天气影响，有利于缩短工期等特点。对于大跨度、标准化柱网的多层工业厂房、公共建筑等，预应力混凝土空心板叠合板往往是上佳的选择方案之一。

**项目名称：**美乐家日用清洁用品及化妆品研发、生产项目

**项目报建名称：**美乐家日用清洁用品及化妆品研发、生产项目

**建设单位：**美乐家（中国）日用品有限公司

**设计单位：**河北生特瑞工程设计有限公司

**装配式技术支撑单位：**上海研砼建筑设计有限公司

**施工单位：**上海生特瑞建设有限公司

**构件生产单位：**常州砼筑建筑科技有限公司

**开、竣工时间：**2020.4~2021.7

## 2.1.5 汽车紧固件产业基地综合车间

本项目为四层装配整体式框架结构，主要采用预制叠合梁、大跨度预应力空心板（GLY空心板）两种预制构件。大跨度预应力空心板可减少次梁数量、简化结构布置，提高建筑空间的舒适性。同时，预制板为标准化构件，便于规模化生产、施工，可有效减少现场的模板、支撑数量，减少施工人员，提高施工效率。

### 1. 工程概况

本项目位于上海市闵行区，项目总建筑面积15760.6m$^2$，地上四层，建筑高度23.95m。抗震设防烈度7度，采用装配整体式框架结构，抗震等级二级。中间跨柱网为8.4m×12.5m，边跨为7.5m×12.5m；二层主梁截面为600mm×850mm（短跨方向）和600mm×1200mm（长跨方向），上部主梁截面为450mm×850mm和450mm×1200mm。本项目的单体预制率大于40%（图2.1-38）。

### 2. 装配式建筑设计

本项目预制构件类型主要包括预制框架梁、大跨度预应力空心板（GLY空心板）两种，框架柱及部分梁板采用现浇。预制梁布置图和预制板布置图分别如图2.1-39、图2.1-40所示。

（1）预应力空心板设计

预应力混凝土空心板是采用国产生产设备，利用先张法长线台座缓慢放张工艺生

图2.1-38 项目照片

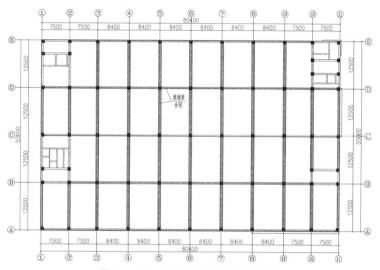

图 2.1-39　三层预制梁平面布置图

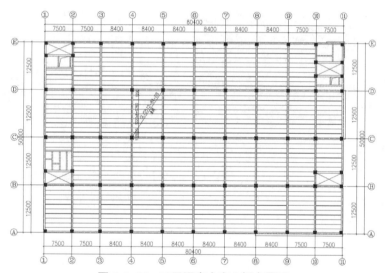

图 2.1-40　三层预应力空心板布置图

产的大跨度预应力混凝土空心板，简称 GLY 空心板或 GLY 板。有时候又被称为"SP 预应力空心板"，此时特指引进美国 SPANCRETE 公司（SMC）的制造设备、工艺流程、专利技术生产的一种预应力混凝土空心预制板。GLY 空心板可分为加聚苯乙烯保温层和不加聚苯乙烯保温层两种，分别配有一层或两层预应力钢绞线，还可以根据需要在工厂内加工成带有外饰面的装饰墙板。GLY 空心板具有跨度大、承载力高、抗震性能好、免模免（少）撑等特点。

基于本项目的跨度及荷载情况，依据国标图集《大跨度预应力空心板》13G440，本项目选用的 GLY 空心板（图 2.1-41）的规格型号为：GLY2512-84-D10（注：250mm 厚、1.2m 宽、8.4m 跨度、D 类 $1 \times 7 \phi^s 12.7$，预应力钢筋 10 根）。

（2）预制叠合梁设计

预制梁沿预制板板跨方向采用常规叠合梁；垂直板跨方向，为便于 GLY 空心板搁置，均带挑耳预制。施工时，先搭设脚手架，吊装预制梁，然后安装空心板，空心板搁置在预制梁挑耳上，板底部无支撑，施工效率非常高（图 2.1-42~ 图 2.1-44）。

（3）预制板连接设计

GLY 空心板与梁的连接需满足抗剪设计，同时需保证楼板的整体性。本项目在板端孔洞上切槽，槽孔内采用钢筋网片拉结并用混凝土灌实。在预制板上铺设单层双向钢筋网后整浇 50mm 混凝土叠合层。图 2.1-43、图 2.1-44 为本项目采用的 GLY 板板端连接构造。

图 2.1-41　大跨度预应力空心板

图 2.1-42　预制 T 形梁

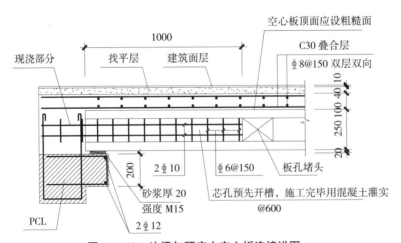

图 2.1-43　边梁与预应力空心板连接详图

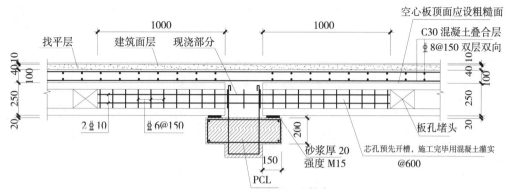

图 2.1-44　中间梁与预应力空心板连接详图

### 3."两提两减"技术措施及成效

GLY 空心板不仅可用作楼面、屋面楼盖体系，还可用作外墙板；广泛用于工业厂房、学校教学楼、办公楼等工业与民用建筑。在"两提两减"方面其突出的优势主要有如下几点：

（1）跨度大、承载能力高、抗震性能强，可以减少承重墙、梁、柱的设置数量，从而降低层高、增大使用面积，提高建筑空间的舒适性。GLY 空心板采用低松弛预应力钢绞线作为受力主筋，跨度可达 18m 甚至更多。在此区间范围内根据所需板型可以任意变化，使用灵活。

（2）生产工艺技术先进，无需模板和蒸汽养护，加工周期短，生产效率高。GLY 空心板机械成型，外表平整度高。表面平整度误差可控制在 2mm 以内，长宽误差也可控制在 5mm 以内。GLY 空心板采用长线生产，可以根据实际需要切割成窄板、切割斜角、开洞等，不像传统预制板受到模数的限制，组合灵活。

（3）在实际工程中施工安全快捷，周期缩短。GLY 空心板属于大型预制板，无需支模、拆模，吊装方便，安装效率高。可有效地缩短施工工期、节约人工、减少施工现场的水电能耗（图 2.1-45 ~ 图 2.1-48）。

### 4. 结论及建议

本项目采用大跨度预应力空心板，减少了次梁数量、简化了结构布置，提高了建筑空间的舒适性。在施工方面，预制板为标准化构件，便于规模化生产、施工，可有效减少现场的模板、支撑数量，减少施工人员，提高施工效率。本项目因为部分搁置预应力空心板的梁采用现浇，需混凝土强度达到 75% 以后才能搁置空心板，施工效率仍有潜力可挖。此类构件建议均采用预制形式，消除短板，减少施工周期，切实实现装配式建筑的优越性。

图 2.1-45　预应力空心板安装（1）

图 2.1-46　预应力空心板安装（2）

图 2.1-47　施工完成后实景

图 2.1-48　装修完成后实景

**项目名称：** 汽车紧固件产业基地综合车间

**项目报建名称：** 汽车紧固件产业基地综合车间

**建设单位：** 上海纳特汽车标准件有限公司

**设计单位：** 上海奉贤建筑设计有限公司

**装配式技术支撑单位：** 上海浦凯预制建筑科技有限公司

**施工单位：** 上海颛桥建筑工程有限公司

**构件生产单位：** 上海城建建设实业集团新型建筑材料有限公司

**开、竣工日期：** 2017.3~2020.8

## 2.1.6 金山西圣宇轨交机器人智能交付中心建设项目

金山西圣宇轨交机器人智能交付中心建设项目主厂房采用"波纹钢板组合框架"结构体系，该体系由甲壳柱、甲壳梁、钢次梁、楼承板等构件组成。该体系中柱、梁、板全部在工厂制作加工，甲壳柱、甲壳梁其自身外壳具有良好的局部稳定性和侧向承载力，可直接作为施工阶段的钢模板及支撑，免去了传统现浇结构大量的脚手架及模板工程量，实现了施工全过程免模板免支撑，大幅缩减工期，节省现场用工，降低造价。同时，钢甲壳在使用阶段参与受力，对混凝土有较好的约束效应，提高结构的抗震性能。

### 1. 工程概况

本项目位于上海市金山区内，基地为矩形地块，地块南北向长约 159m，东西向长约 260m，占地面积 36720m²，总建筑面积 48219m²，其中地上 47919m²，地下 300m²。本项目由 1 栋 3 层主厂房、1 栋设备用房带地下消防水池和 1 栋门卫室组成。其中主厂房为装配式建筑，单体预制率 50%。

主厂房建筑面积共计 43403m²，采用波纹钢板组合框架结构，框架柱、框架梁、钢次梁、楼承板及楼梯均采用预制构件。其中框架柱采用甲壳柱（断面如图 2.1-49 所示），是由四角钢管与波纹侧板组成钢甲壳并在甲壳内现浇混凝土的钢 – 混凝土组合柱；楼面框架梁采用甲壳梁（断面如图 2.1-50 所示），是由钢制上下翼缘及双波纹腹板组成"U"形钢甲壳并在甲壳内现浇混凝土的钢 – 混凝土组合梁；楼面次梁及屋面梁采用工字钢梁；楼板采用钢筋桁架楼承板；楼梯采用钢楼梯。甲壳柱、甲壳梁、钢梁、楼承板及钢梯均在工厂预制，现场安装。设计过程中，采用 BIM 技术，模拟构件的拼装，减少安装时的冲突（图 2.1-51）。

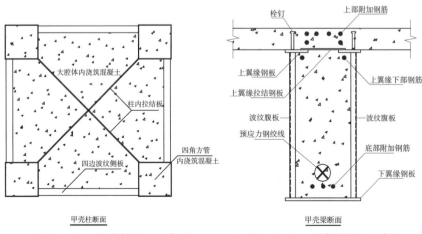

图 2.1-49　甲壳柱断面示意图　　　图 2.1-50　甲壳梁断面示意图

### 2.装配式建筑设计

主厂房建筑平面尺寸 183.4m×97.4m，层数为 3 层，局部 5 层，建筑物高度 23.9m，标准柱开间尺寸 11.5m，进深尺寸 11.7m，二层楼面使用荷载 $1.5t/m^2$，三层楼面使用活荷载 $1.0t/m^2$，建筑平面图、剖面图分别如图 2.1–52、图 2.1–53 所示。

主厂房结构类型为框架结构。框架柱为甲壳柱，典型甲壳柱截面大小为 800mm× 800mm，四角方面截面为 150mm×4mm，四周波纹侧板规格为 W188mm×40mm× 2.0mm；框架梁均为甲壳梁，其中主方向框架梁采用预应力甲壳梁，典型截面大小为 440mm×1228mm，上翼缘钢板截面为 2mm×120mm×14mm，下翼缘钢板截面为 440mm×14mm，两侧波纹侧板规格为 W188mm×40mm×2.5mm，附加钢筋采用四级

图 2.1–51　项目实景图

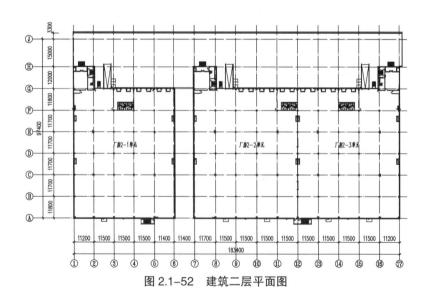

图 2.1–52　建筑二层平面图

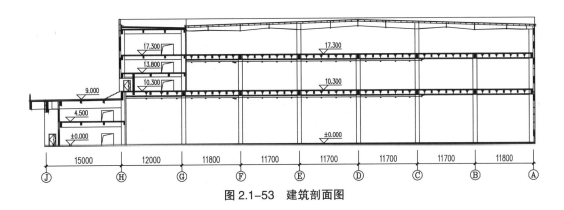

图 2.1-53　建筑剖面图

钢，底部附加 4 根 $\oplus$ 25，上部支座处附加 4 根 $\oplus$ 25，预应力钢筋采用有粘结 1860 级高强低松弛钢绞线，共 1 束 8 股，布置线型为四段抛物线；次方向框架梁采用非预应力甲壳梁，典型截面大小为 340mm×922mm，上翼缘钢板截面为 2mm×80mm×12mm，下翼缘钢板截面为 340mm×10mm，两侧波纹侧板规格为 W188mm×40mm×1.5mm，底部无附加钢筋，上部支座处附加 4 根 $\oplus$ 25 钢筋；次梁为钢次梁，典型钢次梁截面为 H600mm×6mm×180mm×12mm，为 H 型钢与混凝土楼板组成的钢 – 混凝土组合梁；楼板为钢筋桁架楼承板，楼板厚度 150mm，典型钢筋桁架型号为 HB2-120，垂直钢次梁铺设。典型结构平面布置如图 2.1-54 所示。

钢筋桁架楼承板、H 型钢梁、甲壳梁甲壳柱的甲壳均为工厂加工预制，运输便捷。现场仅有少量焊接作业，安装方便。各预制构件之间的连接示意如图 2.1-55、图 2.1-56 所示。

**3. "两提两减" 技术措施及成效**

本工程采用 "波纹钢板组合框架结构" 体系，该体系框架抗侧力构件主要为甲壳梁、甲壳柱，实现了免模免支撑；由组合钢次梁与钢筋桁架楼承板组成免脚手架的楼盖系统。

"波纹钢板组合框架结构" 体系有如下特点：

（1）力学性能好。钢甲壳与混凝土组成钢 – 混凝土组合构件，利用波纹钢板面外抗弯刚度大、面内抗剪不易屈曲的特点，充分发挥钢材受拉和混凝土受压的性能，受力合理，承载力高，抗震性能好。试验表明：与相同材料用量的钢筋混凝土柱相比，甲壳柱抗压承载力可提高 40%，抗弯承载力可提高 22%，抗剪承载力可提高 150%；与相同材料用量的钢筋混凝土梁相比，甲壳梁抗剪承载力可提高 50%；甲壳对内部混凝土提供约束，增强了构件的延性，梁柱节点低周往复加载试验层间位移角达到 1/30 时才出现破坏，变形性能好。

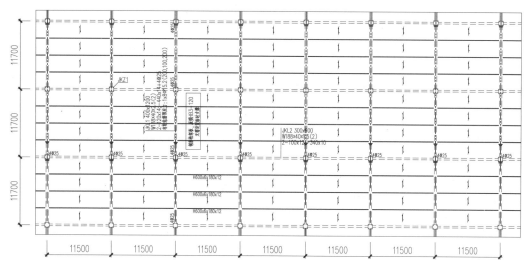

图 2.1-54　典型结构平面图

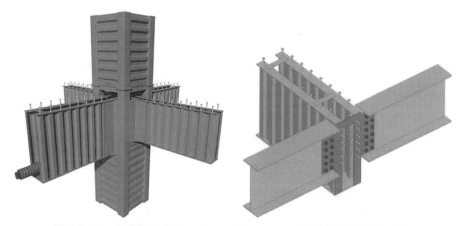

图 2.1-55　甲壳框架节点　　　图 2.1-56　钢梁与甲壳梁连接节点（待补充）

（2）免模板、免支撑。甲壳柱、甲壳梁其自身外壳具有良好的局部稳定性和侧向承载力，可直接作为施工阶段的钢模板及支撑。首层甲壳柱的根部设 8 颗地脚锚栓与基础相连，不同层的甲壳柱采用内置式耳板及定位螺栓连接，四角方管采用焊接连接；甲壳梁与甲壳柱采用榫卯式连接，甲壳梁腹板伸入甲壳柱内，下翼缘板贯通甲壳柱且与甲壳柱方管焊接，上翼缘板贯通焊接。甲壳柱甲壳梁在混凝土浇筑前已形成框架体系，足以承受施工阶段的荷载。甲壳梁预留连接耳板，与钢次梁采用全螺栓连接。钢筋桁架楼承板铺设完成后，在甲壳梁及钢次梁上翼缘焊接栓钉；先浇筑甲壳柱混凝土至梁底以下 100mm 处，而后绑扎甲壳梁附加钢筋、穿预应力钢绞线并绑扎楼面

图 2.1-57　甲壳柱安装

图 2.1-58　甲壳框架节点施工

附加钢筋，最后浇筑节点及梁板混凝土（图 2.1-57~ 图 2.1-59）。

（3）节约建材。以本项目为例，与现浇混凝土框架方案相比，用钢量不增加，混凝土用量节省 40%；与钢框架方案相比，用钢量节省 40%，混凝土用量增加 80%。同时因为施工阶段无需模板及支撑，大大减少了木材及钢脚手架的使用，大量减少了施工现场的建筑垃圾，减少了碳排放以及污染，节能环保。

图 2.1-59　楼面钢筋绑扎

（4）节省现场人工，缩短施工工期。该体系实现了施工阶段免模板免支撑，与现浇混凝土框架方案相比，不需要架子工和模板；钢甲壳代替使用阶段的部分受力筋，钢筋工用工可节省 20%；楼面次梁采用钢次梁，混凝土用量减少，泥工用工可节省 10%。构件在工厂预制、现场拼装，且在基础施工时已开始制作；主体结构施工时梁板下无脚手架，机电消防装饰等专业可利用该空间同步施工，因此可缩短工期，本项目总工期减少约 3 个月。

（5）提高工程质量。甲壳柱钢甲壳四角钢管均为成品钢管，波纹钢板有专用成型设备，工厂焊接成型；甲壳梁钢甲壳上下平钢板只需简单下料，与波纹钢板组装焊接成型，加工方便，质量有保障（图 2.1-60）。

综上所述，波纹钢板组合框架结构体系具有力学性能好、免模板免支撑、节约建材、节省人工、缩短工期及提高质量等特点，有良好的安全性、经济性和适用性。

图 2.1-60　波纹钢板组合框架结构体系

### 4. 结论及建议

本项目通过采用"波纹钢板组合框架结构"体系，大量减少了人工和辅材，有效降低了建造成本，缩短了建设工期，具有较好的经济性、安全性及施工便捷性。同等荷载条件下，每平方米用钢量可比钢框架结构节省 40%，建设工期比现浇混凝土框架缩短 30%，用工量比现浇混凝土框架节省 50% 以上。

**项目名称：** 金山西圣宇轨交机器人智能交付中心建设项目

**项目报建名称：** 金山西圣宇轨交机器人智能交付中心建设项目

**建设单位：** 上海西圣宇时装有限公司

**设计单位：** 上海新建设建筑设计有限公司

**装配式技术支撑单位：** 上海欧本钢结构有限公司

**施工单位：** 上海欧本建筑工程有限公司

**构件生产单位：** 上海欧本钢结构有限公司

**开、竣工时间：** 2020.3~2021.11

### 2.1.7　杨浦区内江路小学迁建工程

本项目采用装配整体式框架结构，柱网规则且跨度较大，采用预制预应力双 T 板能够简化建筑结构，有效减少次梁布置数量，增大室内空间净高度。双 T 板兼作施工底模板，可实现免模免支撑，减少现场人员数量及施工工作量，缩短工程工期，减少后期混凝土及模板废弃物，便于规模化量产，有效提高工程质量，最终实现项目"两提两减"的目标。

#### 1. 工程概况

本项目位于上海市杨浦区内江路附近，占地 17051.53m²，总建筑面积 34491.76m²，其中地上 25672.26m²、地下 8819.5m²，由 2 栋教学楼、1 栋教学行政楼、1 栋食堂兼活动中心及其余附属配套组成，均为钢筋混凝土框架结构，框架抗震等级为二级。本项目中除配套外，均采用装配整体式框架结构，装配建筑面积共计 24438.72m²，预制构件类型包括预制桁架叠合板、预制叠合梁、预制双 T 板、预制楼梯、预制外填充墙及预制女儿墙。装配式建筑楼栋单体预制率不小于 40%（图 2.1-61）。

#### 2. 装配式建筑设计

图 2.1-62、图 2.1-63 分别为教学行政楼的标准层建筑结构布置图、建筑立面图。其中二～六层结构楼盖布置中取消教室上方次梁，调整为预制预应力双 T 板的形式（图 2.1-64、图 2.1-65）。

图 2.1-66 为双 T 板搁置在主梁挑耳的节点连接大样。双 T 板安装后再浇筑 50mm

**图 2.1-61　项目鸟瞰图**

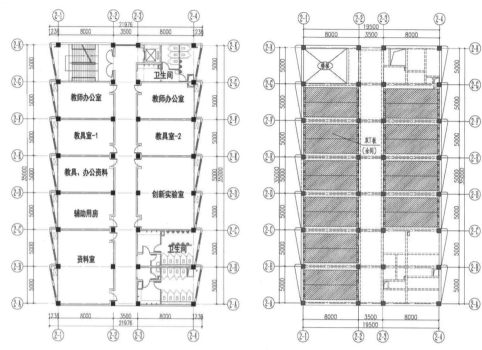

图 2.1-62  二～六层建筑平面布置图          图 2.1-63  二～六层装配式结构平面布置图

图 2.1-64  双 T 板现场照片 1

图 2.1-65  双 T 板现场照片 2

厚、强度不小于 C30 的后浇钢筋混凝土层，连接节点详见图 2.1-67。双 T 板设备管线安装见图 2.1-68。

### 3. "两提两减"技术措施及成效

本项目重点采用大跨度预制预应力构件双 T 板，实现了免模免支撑，装配式建筑楼栋的跨度较大，常规混凝土设计会导致结构布置中次梁布置较密集，且梁较高，对

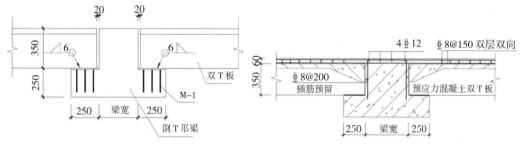

图 2.1-66 双 T 板搁置节点大样　　　　　图 2.1-67 双 T 板后浇节点大样

室内净高度空间影响较大，而双 T 板是板、梁结合的预制钢筋混凝土受弯构件，由宽大的面板和两根窄而高的肋组成，具有高强度、高稳定性、高跨度、高承载能力等特点，因而在前期方案对比中双 T 板结构布置方案能够减少次梁布置数量，有效控制净高，并减少工程混凝土使用方量。

双 T 板装配式方案需结合主体建筑设计方案，并充分考虑预制构件生产、运输要求，并结合现场易建性的原则进行设计。双 T 板由专业厂家生产，进场需进行预制构件实体检验，同时也保证了预制构件的质量。

图 2.1-68 双 T 板设备管线安装

双 T 板具有跨度大，承载力强，整体性好，底面光洁美观等特点，能够满足厂房的设备工艺要求，适用于各种厂房、仓库、车库、冷库等大跨度建筑（图 2.1-69、图 2.1-70）。

采用预制预应力双 T 板可以简化建筑结构设计，减少建筑物的次梁布置，有效减少项目工程量，且因双 T 板的高强度、高稳定性及高承载能力，能够免除楼板满堂脚手架布置并避免支模，达到免模免支撑的效果，有效减少土建钢筋工、木工及混凝土工人数，本项目中总人工相较传统现浇混凝土框架公建项目总人工减少了 5 人，减少比例在 6% 左右；同时预制预应力双 T 板能够在工厂制作模式化，保证质量，安装方便，从构件生产到现场吊装，时间不超过 7d，有效提高工业化建造效率，缩短项目工期，本项目总工期较传统现浇混凝土框架公建项目缩短了约 30d；除此以外，项目工程量的减少及免模免撑能够减少现场混凝土浇筑及模板支设，最终使得混凝土及模板废弃物量相较传统现浇混凝土框架公建项目减少 10% 左右，减少对环境的污染。

图 2.1-69　双 T 板施工现场（1）　　　　图 2.1-70　双 T 板施工现场（2）

### 4. 结论及建议

本项目采用预制预应力双 T 板，简化结构平面布置，在规模化制作、提高工程质量的同时，实现楼板免模免支撑，有效减少现场人员数量及施工工作量，缩短工程工期，减少后期混凝土及模板废弃物，最终实现项目"两提两减"的目标。

本项目中因学校对造型等要求导致结构布置奇异，搁置双 T 板的带挑耳梁均采用现浇形式，导致现场此部分施工难度高，且需满足强度要求才能进行构件吊装，对工期影响较大，建议此类带挑耳梁构件采用预制方案，能够减少人工，并提高施工效率，减少项目周期。

**项目名称：** 杨浦区内江路小学迁建工程

**项目报建名称：** 杨浦区内江路小学迁建工程

**建设单位：** 上海市杨浦区教育局

**设计单位：** 上海同设建筑设计院有限公司

**装配式技术支撑单位：** 上海浦凯预制建筑科技有限公司

**施工单位：** 上海建工二建集团有限公司

**构件生产单位：** 嘉兴华泰特种混凝土制品有限公司

**开、竣工时间：** 2018.2~2021.5

## 2.2 全预制拼装

全预制拼装技术通过将构件在工厂全预制，在现场进行拼装连接的方式，可避免现浇与预制交叉作业，减少现场支模、钢筋绑扎工序，降低支撑设置难度，减少现场湿作业，采用干法连接，降低施工难度，提高施工效率，减少现场人工以及现场建筑垃圾排放量等。

本节两个案例采用全预制拼装连接技术，"上海市轨道交通 14 号线工程 – 金粤路站 – 4 号出入口"项目竖向构件采用全预制技术，水平构件采用密拼、免模免撑工艺，大幅提升施工效率，缩短现场施工周期；"上海西郊宾馆意境园多功能厅"项目采用胶合木结构，节点处采用钢连接件，构件工厂加工，节点现场连接，运输方便高效，材料可再生利用，节能环保。

## 2.2.1 上海市轨道交通 14 号线工程 – 金粤路站 –4 号出入口

本项目是轨交 14 号线的装配式样板出入口，在实施过程中"两提两减"效果如下：装配式混凝土结构具有结构饰面一体化特点，可塑性强且质量优良。竖向构件全装配无现浇，仅屋面叠合层有少量现浇混凝土，水平构件采用免模免撑工艺，大幅提升施工效率，缩短现场施工周期。由于标准化程度高，预制构件工厂模具重复利用率高，材料消耗少，工人操作熟练质量稳定。以 14 号全线测算对比，结合 EPC 工程承揽模式、集成化一体化预制、信息化管理等特点，综合成本相较现浇施工有明显降低。

### 1. 工程概况

本项目位于上海市锦绣东路金粤路路口，南北宽 7.3m，东西长约 17.5m，为上海轨交 14 号线金粤路站 4 号出入口。总建筑面积为 128.0m²，项目为单层剪力墙结构，层高为 3.2m（局部 3.9m）。本项目为装配式建筑，单体预制率为 78.2%（图 2.2-1、图 2.2-2）。

### 2. 装配式建筑设计（图 2.2-3～图 2.2-6）

本项目的装配式特点如下：

（1）本项目为 14 号线全线车站装配式出入口的标准样板，是基于模数化、标准化、集成化、一体化理念设计的，形成可自由组合的构件标准库，同步考虑现有地铁旧出入口改造需求。

（2）本项目装配式建设采用专项设计、生产、施工一体化 EPC 总承包模式，由中

图 2.2-1 项目实景图（外视图）

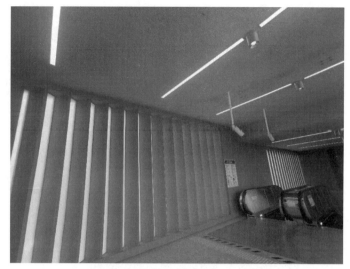

图 2.2-2　项目实景图（内视图）

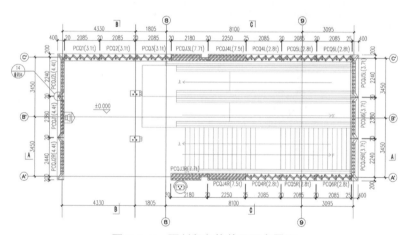

图 2.2-3　预制竖向构件平面布置图

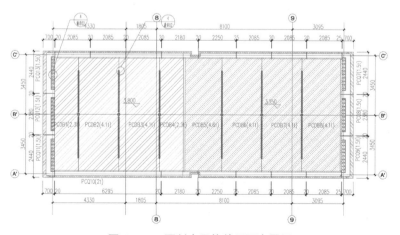

图 2.2-4　预制水平构件平面布置图

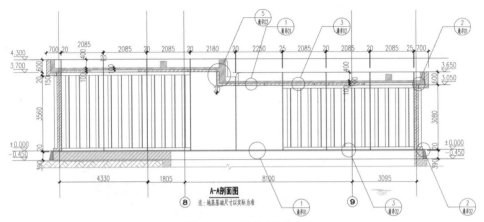

图 2.2-5 整体剖面图

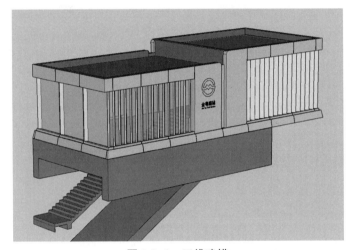

图 2.2-6 三维建模

交浚浦建筑科技（上海）有限公司承揽。

（3）项目竖向结构全装配，无现浇。预制剪力墙竖向钢筋采用金属波纹管浆锚搭接技术，有利于快捷施工且造价较低（图 2.2-7）。

（4）预制构件均按造型与装饰一体化设计，建筑物内外表面均为预制构件装饰外观。装饰一体化采用德国引进的弹性造型模板技术、露骨料影像技术等，工艺精湛、纹理清晰、耐久性好。取消现场二次装饰，省工、省材、省工期（图 2.2-8、图 2.2-9）。

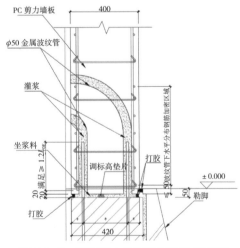

图 2.2-7 预制剪力墙竖向钢筋金属波纹管浆锚搭接

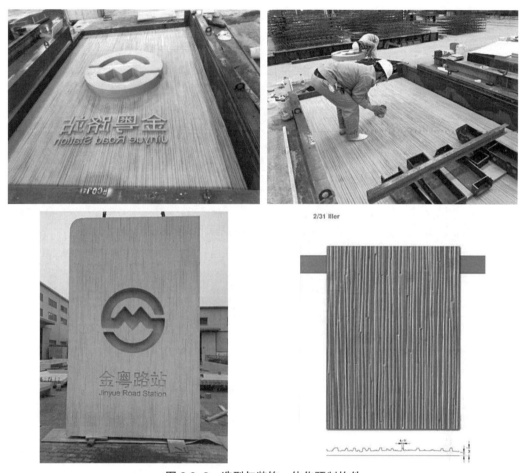

图 2.2-8　造型与装饰一体化预制构件

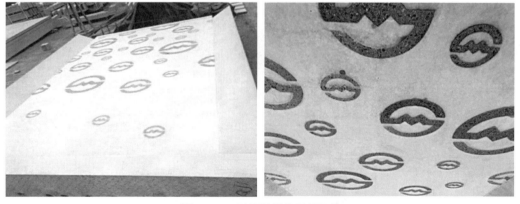

图 2.2-9　露骨料影像预制构件

（5）本项目外立面采用竖向斜面百叶格栅构造。5 片格栅、底座及女儿墙顶板一体预制带来的难题是镂空模具加工及脱模吊装难度较大，本次设计突破常规思路，采用二次预制工艺（先预制单片格栅板后作为预埋成品部件，与底座及女儿墙顶板二次整体浇筑），现场整体吊装方案，大幅提升施工效率及安装精度（图2.2-10）。

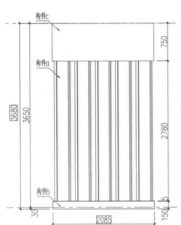

图2.2-10 整体预制百叶格栅墙板设计图、制作及完成实物构件

（6）本项目是地铁出入口，内部大范围下沉深坑，给屋面施工搭设支撑排架带来困难。如为传统钢管排架，搭设工程量大且耗费时日，延误施工工期。因此，本项目在装配式楼盖设计时为达到免模免撑的目的，且为保证刚性防水整体性以及结构楼盖整体性，采用预制混凝土桁架钢筋叠合楼板，底板接缝为密拼整体式接缝，仅屋面楼板叠合层有少量现浇。通过结构计算，在施工过程中免去了现场支模和设置支撑的工序，大幅提高施工效率，也为地铁出入口其他施工作业提供了便利条件。同时，利用预制底板接缝设计成特殊造型，结合内嵌式照明灯槽，起到装饰与实用兼顾的作用（图2.2-11）。

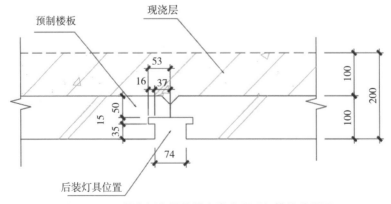

图2.2-11 叠合板密拼接缝内嵌式照明灯槽构造详图

（7）预制外墙防水主要为预制墙板之间竖向接缝，采用预留空腔＋内外两侧打胶工艺，密封胶使用与混凝土相容的装配式混凝土建筑专用密封耐候胶，防水工作年限25 年以上。即使以后发生渗漏现象，由于是空腔打胶，也便于后期更换（图 2.2-12）。

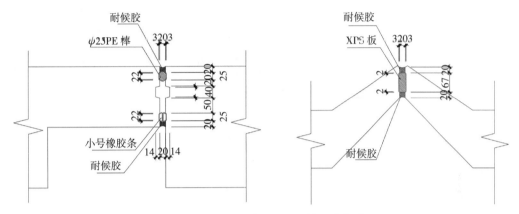

图 2.2-12 预制墙板竖向接缝防水构造

（8）机电设施点位与管线一体化预制集成。地铁出入口涉及的通信、监控、卷帘、动照、消防、排水、自动扶梯、导向标识等所需点位与管线均在设计时统筹优化，在预制构件中做好预留或预埋。为不影响外观立面效果，也不影响室内使用空间，从屋面引向地下的排水立管暗敷在墙板内（图 2.2-13）。

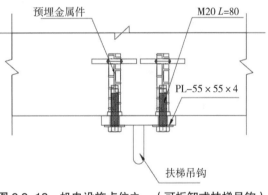

图 2.2-13 机电设施点位之一（可拆卸式扶梯吊钩）

（9）在构件表面涂刷了自洁防涂鸦保护剂，可保持使用过程中立面清洁。

（10）地铁车站 LOGO 与预制构件一体化预制。不同于传统后挂地铁车站标识的方法，而是最大程度发挥和体现预制特点，在预制构件生产同时通过特殊模具制作出凹版 LOGO 标识，一次性生产永久使用（图 2.2-14）。

### 3. "两提两减"技术措施及成效

（1）提高质量

本项目采用结构饰面一体化预制，具有可塑性强且质量优良的特点。采用弹性造型模板后，预制构件外观造型精准细腻，现场外形偏差、平整度、垂直度明显优于现浇结构（第三方实测实量分数达 95 分以上），给建筑立面效果提供丰富多彩的可选素

图 2.2-14　地铁车站 LOGO 一体化预制

材。饰面一次成型技术可避免二次装修的饰面层与混凝土基层粘结不牢、饰面层后期拼缝质量不佳等问题。

（2）提高效率

与传统的现浇结构相比，标准化的装配式地铁出入口预制构件可以提前生产，现场施工仅需安装预制构件。且竖向构件全装配无现浇，仅屋面叠合层有少量现浇混凝土，且水平构件采用免模免撑工艺，大幅提升施工效率，缩短现场施工周期（图 2.2-15、表 2.2-1）。

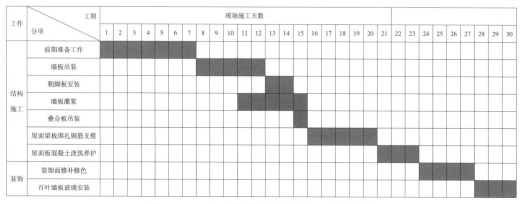

图 2.2-15　本项目装配式车站施工进度计划

本项目装配式施工与现浇施工用时用工对比　表 2.2-1

| 对比内容 | | 现浇施工（推导） | 装配式施工 |
| --- | --- | --- | --- |
| 施工总工期 | | 48d | 30d |
| 作业用工人数 | | 12 人 | 5 人 |
| 管理人员数量 | 甲方 | 1 人 | 1 人 |
| | 监理 | 1 人 | 1 人 |
| | 总包 | 2 人 | 1 人 |

（3）减少消耗

从 14 号线全线推广装配式混凝土车站出入口的角度出发，由于标准化程度高，预制构件工厂模具重复利用率高，工人操作熟练质量稳定，相对现浇结构，前者人工数量少，用水、用电、用木等材料消耗也较少（表 2.2-2~ 表 2.2-4）。

本项目装配式车站施工主材消耗计划表　　　　　　　　　表 2.2-2

| 类别 | 统计分项 | 主材工程量统计 | | | |
|---|---|---|---|---|---|
| | | 混凝土量（m³） | 混凝土汇总（m³） | 钢筋（kg） | 钢筋汇总（kg） |
| 预制 | 勒脚板 | 2.65 | 83.44 | 238.5 | 8258 |
| | 格栅板 | 21.82 | | 711.3 | |
| | 剪力墙 | 21.65 | | 1699.5 | |
| | 板 | 11.64 | | 2077.5 | |
| | 挑檐板 | 3.78 | | 317.5 | |
| 现浇 | 梁 | 10.19 | | 1039.8 | |
| | 板 | 11.71 | | 2173.9 | |

本项目现浇结构施工主材消耗估算表（推导）　　　　　　　表 2.2-3

| 类别 | 统计分项 | 主材工程量统计 | | | |
|---|---|---|---|---|---|
| | | 混凝土量（m³） | 混凝土汇总（m³） | 钢筋（kg） | 钢筋汇总（kg） |
| 现浇 | 勒脚板 | 2.65 | 83.44 | 251.5 | 8198.7 |
| | 格栅板 | 21.82 | | 735.3 | |
| | 剪力墙 | 21.65 | | 1699.5 | |
| | 板 | 23.35 | | 4155.1 | |
| | 挑檐板 | 3.78 | | 317.5 | |
| | 梁 | 10.19 | | 1039.8 | |

本项目装配式施工与现浇施工材料消耗对比　　　　　　　　表 2.2-4

| 对比内容 | | 传统设计 | 本项目 |
|---|---|---|---|
| 主材消耗 | 钢筋工程 | 64.1kg/m² | 64.8kg/m² |
| | 混凝土工程 | 0.65m³/m² | 0.65m³/m² |
| | 木模板工程 | 4.6m²/m² | 0.45m²/m² |
| | 钢模板工程 | 0 m²/m² | 0.14m²/m² |
| 施工废弃物 | 砂浆 | 0.45kg/m² | 0.19kg/m² |
| | 混凝土 | 15.2kg/m² | 9.7kg/m² |
| | 钢材 | 1.25kg/m² | 0.63kg/m² |

（4）减少成本

以 14 号全线相同出入口 25 个为测算对比数据，综合考虑应用，平均每增加 25 个相同出入口，分摊成本可节约 5% 左右。结合 EPC 工程承揽模式、集成化一体化预制、信息化管理等特点，综合成本相较现浇施工有明显降低，再考虑投入运营后的维护成本，则装配式方案成本优势更大（表 2.2-5）。

本项目装配式施工与现浇施工的综合成本对比（含土建及外装饰）　表 2.2-5

| 对比内容 | 传统设计 | 本项目 |
|---|---|---|
| 综合单价（元 /m²） | 4976 | 4711 |
| 考虑项目展开分摊成本（元 /m²） | 0 | −236 |
| 修正后成本（万元） | 4976 | 4475 |

### 4. 结论及建议

综上所述，本项目装配式方案与现浇方案相比：施工质量评分明显提升；施工效率提高约 37.5%；材料消耗减少约 18.2%；考虑项目长期规划和运营因素后，综合成本降低约 10.1%。采用结构装饰一体化装配式混凝土技术建造的地铁出入口，是基于模数化、标准化、集成化、一体化理念设计的，可以实现工厂化生产、装配化施工、PC 一体化装修和信息化管理，不但可用于新建地铁出入口建造，也可用于旧线改造。目前装配式混凝土技术用于地铁出入口的工程实例还非常有限，希望通过本项目的实施对后续装配式地铁出入口的推广能有比较好的借鉴意义。

**项目名称**：上海市轨道交通 14 号线工程

**项目报建名称**：上海市轨道交通 14 号线工程 – 金粤路站 – 4 号出入口项目

**建设单位**：上海轨道交通十四号线发展有限公司

**设计单位**：上海隧道工程轨道交通设计研究院

**装配式技术顾问单位**：上海兴邦建筑结构设计事务所有限公司

**施工单位**：上海砼邦建设工程有限公司

**构件生产单位**：中交浚浦建筑科技（上海）有限公司

**开、竣工时间**：2020.4~2020.7

## 2.2.2　上海西郊宾馆意境园多功能厅

西郊宾馆意境园多功能厅建于上海西郊宾馆内部，该宾馆占地广阔、环境优美、树木繁茂，自 1960 年建成以来即作为上海规模最大、等级最高的国家迎宾馆，曾接待诸多国内外政要，举办若干重大事件与活动，在上海当代城市发展中具有重要的地位。

### 1. 工程概况

项目位于西郊宾馆内湖畔东侧，总建筑面积约 857m²。项目为单层胶合木结构建筑，形态谦逊低调，空间细腻丰富，与所处的环境充分契合。木结构及其施工方式的选择，使得整个建造过程尽量减少对场地的侵扰与破败，最大限度地保留了原有的树木及景观氛围。木材这种生态材料的运用，使自然、绿色、可持续发展的建造理念真正得以实现（图 2.2-16 ～图 2.2-18）。

图 2.2-16　项目实景图

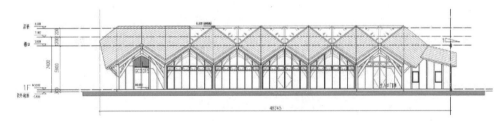

图 2.2-17　建筑正立面

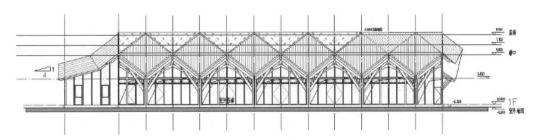

图 2.2-18　建筑背面

建筑形式模拟了树木生长的姿态，结构柱与三角形屋架自然交接、融为一体，柱网相互错动，形成三维空间结构，进一步强化了空间的趣味性。屋面采用折板形态，尺度相等的折板相互错落拼合，几何逻辑清晰、简练，所形成的室内空间灵动且个性鲜明，兼具层次感与秩序感，同时又带有传统建筑质朴优雅的韵味。折板屋面顶部设置天窗，改善林间建筑幽暗的采光条件，当阳光从天窗照射下来，仿佛穿过树木的枝叶投下重重光晕。建筑以较小的建造代价，塑造了精彩的空间与迷人的形式，充分体现了木结构自然、温暖的质感，以及几何学与力学的美感。建筑室内装饰也以木材为主要材料，通过木格栅疏密相间的设置，呈现出中国古代写意山水画的线条与肌理，隐喻了中国传统中对宁静、悠远的自然环境的向往（图 2.2-19～图 2.2-21）。

### 2. 装配式建筑设计

主体结构采用"错位空间门式胶合木框架"体系，而柱脚由于木结构连接的特性只能作铰接设计。为了实现结构的整体稳定，门架的一侧梁柱节点，以及屋脊处梁–梁节点通过增加胶合木支撑达到刚接。梁–柱节点详图如图 2.2-22 所示。屋脊处梁–梁节点如图 2.2-23 所示。项目拆分图如图 2.2-24 所示。

### 3. "两提两减"技术措施及成效

本项目中所有胶合木梁柱、支撑及金属连接件均在工厂预制完成。所有构件加工

**图 2.2-19　项目实景图**

图 2.2-20　项目室内实景图（1）

图 2.2-21　项目室内实景图（2）

完成后运输至项目现场进行安装。经计算,本工程预制率达到 93%,除基础为混凝土现浇,其余结构均为现场预制拼装,无湿作业。

整栋建筑木材用量约 212m³,全部为加拿大进口木材。其中,屋面和填充墙使用了 SPF 二级材 57.81m³,增加了整个建筑的保温节能性能。主体结构框架使用了 108.57m³ 花旗松木材,结构等级的胶合木具有强度高、纹理美观的特点,在保证结构安全的同

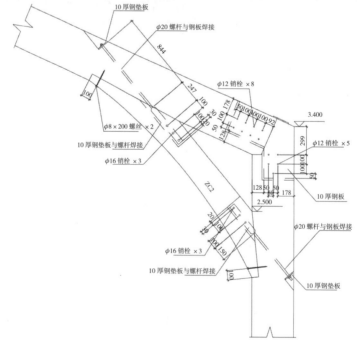

图 2.2-22 梁 - 柱节点详图

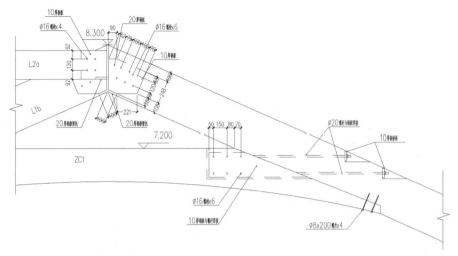

图 2.2-23　屋脊梁 – 梁节点详图

时增添了建筑室内的美感。吊顶和墙面装饰使用了纹理细腻的铁杉，总用量为 42.68m³。

该项目同时具有良好的环境效益。根据 Woodworks 碳效应计算器的计算，本项目使用的 212m³ 木材一共存储了 178t 二氧化碳，间接减少了 379t 二氧化碳的排放，净储存 557t 二氧化碳，相当于 118 辆汽车在公路上行驶一年的碳排放，或 59 栋房屋运营一年的碳排放。

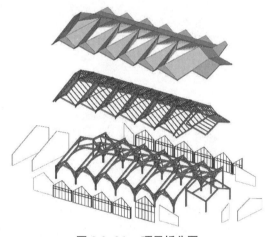

图 2.2-24　项目拆分图

建筑于 2018 年 3 月奠基动工，10 月初全部建造完成，建造总历时 6 个月。装配式施工的方式大大减少了现场施工的时间，同时还降低了对场地的破坏（图 2.2-25、图 2.2-26）。

### 4. 结论及建议

木结构建筑，特别是采用胶合木构件的重型木结构是天然的装配式建筑。通过科学管理森林和合理使用木材，采用现代木结构建筑并不会破坏森林资源，反而能为建筑提供更多的可再生资源，而木结构建筑无论是材料生产还是加工能耗或是建筑使用阶段产生的碳排放均远低于钢结构、混凝土结构。因此，木结构建筑对于中国实现碳达峰碳中和具有重要意义。

图 2.2-25　项目施工现场（1）

图 2.2-26　项目施工现场（2）

项目名称：上海西郊宾馆意境园多功能厅

项目报建名称：上海西郊宾馆意境园多功能厅

建设单位：上海市东湖（集团）公司

设计单位：上海绿建建筑设计事务所有限公司

装配式技术支撑单位：加拿大木业

施工单位：苏州昆仑绿建木结构科技股份有限公司

构件生产单位：苏州昆仑绿建木结构科技股份有限公司

开、竣工时间：2018.3~2018.10

## 2.3 高效模板、免拆模板

通过铝模、滑模、组合模板、复合模壳等高效模板、免拆模板技术的应用，项目可有效提高施工效率，提高施工质量，减少人工，减少现场抹灰作业，减少建筑垃圾排放量。

"万科中房翡翠滨江二期项目"采用铝模成型技术，拆装方便，楼层间转运快捷，构件外观完成质量优良；"赵巷保利建工西郊锦庐"采用装配式复合模壳剪力墙体系，通过免拆模和钢筋集成技术，减少现场人工，简化施工，减少固体垃圾量。

## 2.3.1 万科中房翡翠滨江二期项目

万科中房翡翠滨江二期项目主要采用标准化设计、集成化设计、PC 结合铝模成型技术、石材反打外墙板技术、附着式升降爬架技术和 BIM 应用技术等措施。通过土建与精装、土建与外装饰装修工程、建筑单体与室外总体的立体穿插，采用外模内浇技术体系，装配与现浇两种施工工艺相对独立，避免了作业面的交叉作业，实现了施工工期缩短的目标。通过铝模和 PC 构件的组合应用，大幅提高了土建结构构件的平整度和垂直度。通过外墙窗框集成、疏堵相结合的防水构造、五段式对拉螺杆和定制爬架的综合应用，减少了外墙的渗漏风险。同时，一体化集成预制外墙板的应用有效减少了施工现场建筑垃圾量。

### 1. 工程概况

本项目位于上海市浦东新区陆家嘴的延伸段，紧邻黄浦江，总用地面积为 31616.8m²，地块性质为三类住宅与商业服务混合用地。本项目由 5 栋高层住宅（1 号、3 号、4 号、6 号、8 号楼）、3 栋多层住宅（5 号、7 号、9 号楼）、1 栋商业用房（2 号楼）和地下车库组成，总建筑面积 113244.34m²，其中地上 82248.95m²。高层住宅采用剪力墙结构体系。

以 3 号高层住宅为例，地上建筑面积 15105.02m²，建筑高度 80.00m，地上二十三层，地下一层，一层层高为 5.4m，二层层高为 4.2m，三 ~ 二十三层层高为 3.3~3.52m，采用的预制构件类型为：预制外墙板、预制飘窗、预制楼梯（图 2.3-1）。

### 2. 装配式建筑设计

以 3 号高层住宅为例，标准层建筑平面图、结构平面图分别如图 2.3-2 和图 2.3-3 所示。

3 号高层住宅的预制范围为 5~20 层，标准层预制板平面图如图 2.3-4 所示。

### 3. "两提两减" 技术措施及成效

（1）技术措施

本项目实施过程中，采用了 PC 结合铝模成型技术、石材反打外墙板技术、附着式升降爬架技术和 BIM 应用技术等措施。

1）石材反打外墙板

项目在开展预制构件石材反打之前，先制作石材反打试件。进行剪切和拉拔试验（图 2.3-5），作为设计取值的参考，同时也为石材选型提供依据。经多组试验对比，最终确定本项目采用反打的砂岩石材厚度为 30mm；同时，拉拔试验表明石材经过反打

图 2.3-1 鸟瞰图

在混凝土基材的拉伸粘结强度比手工现场铺贴提高 3 倍以上。

　　底部楼层非预制外墙采用干挂石材饰面，预制楼层外墙采用石材反打饰面（图 2.3-6）。预制外墙板采用反打技术，实现主体和建筑饰面一体化。预制外墙采用反打技术，石材粘结强度较传统手工铺贴方式大幅提高，且施工质量稳定，可基本消除石材发生高空坠落的安全风险。

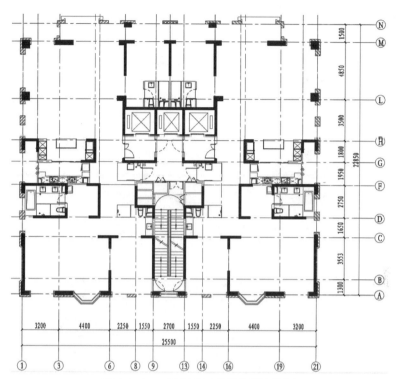

图 2.3-2　3 号标准层建筑平面布置图

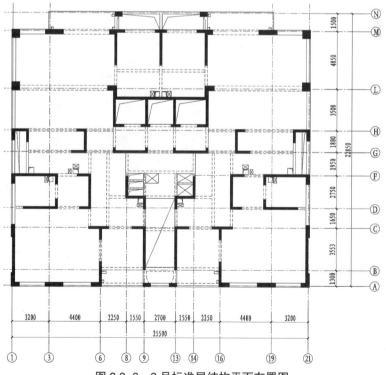

图 2.3-3　3 号标准层结构平面布置图

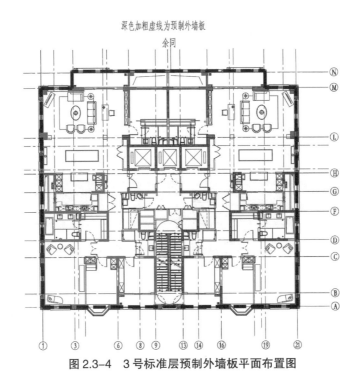

图 2.3-4　3 号标准层预制外墙板平面布置图

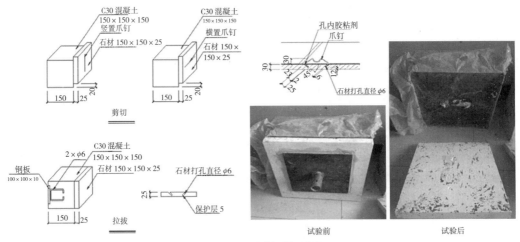

图 2.3-5　石材反打试验

　　石材反打工艺（图 2.3-7）特点：石材经切割加工后送至构件厂，在构件厂进行背面防碱隔离处理及安装不锈钢连接爪钉，再与构件混凝土浇筑成型。

　　采用铝合金窗框直接预埋于预制构件内（图 2.3-8），杜绝窗周渗水隐患。采用预制墙板带水平 / 竖向企口，外侧打胶处理，做到构造防水、材料防水相结合，有利于建筑外墙防水。

图 2.3-6　反打石材饰面外墙

| 石材上架 | 粘贴胶带 | 背涂隔离 |
|---|---|---|
| 爪钉设置 | 石材入模 | 脱模吊装 |

图 2.3-7　石材反打体系流程

2）PC 结合铝模成型技术提效

采用标准铝模成型技术，PC 结合铝模（图 2.3-9），支撑体系简洁，拆除方便，施工环境安全、干净、整洁；合理安排现场工序搭接，使 PC 吊装、钢筋绑扎、铝模安装等工种分区段流水施工，同时利用 PC 吊装间隔空隙，利用传料口运送铝模等材料，减少了塔式起重机被占用时间，最大程度发挥了塔式起重机能效。

工艺特点：外侧采用 PCF 构件，内侧采用定制铝模，铝模与 PC 板拉结采用五段式螺杆（单面 3 段），实现了外模内浇，提高了现场施工效率和混凝土质量。五段式螺

图 2.3-8　窗框预埋及成品保护

图 2.3-9　铝模拼装及现场施工

杆的采用，一方面便于模板安装定位，另一方面避免了预制外墙上穿孔后注浆工序，减少了外墙渗漏点。

　　3）附着式升降爬架技术

　　采用定制工具式升降爬架（图 2.3-10），利用外立面窗洞口外挑固定，避免了外立面石材穿孔或预埋件破坏建筑立面效果；上下楼层实现土建与精装修的穿插作业，节省了人工，大幅压缩了总工期，本项目建设总工期相对传统现浇住宅项目节省了约 90d。

4）BIM 应用技术

设计过程中采用 BIM 建模、预制构件详图绘制，利用软件检验预制构件之间、预制与现浇之间钢筋的碰撞，便于现场施工（图 2.3-11）；本项目通过在模型里模拟出饰面石材的铺贴，解决了石材在预制构件存在弧度、转角、立面分缝等情况下拼贴易错、对缝不齐等问题，实现了较好的立面效果。

（2）成效

本项目通过土建与精装、土建与外装饰装修工程、建筑单体与室外总体的立体穿

图 2.3-10　爬架现场施工

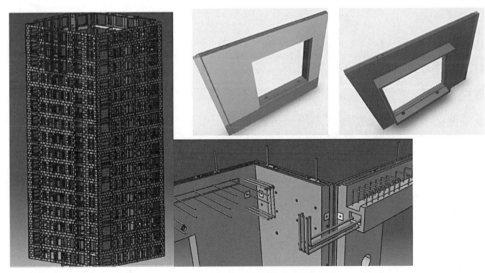

图 2.3-11　BIM 技术应用

插，同时采用外模内浇技术体系，装配与现浇两种施工工艺相对独立，避免了作业面的交叉作业，节省了项目工期。

采用铝合金窗框预埋，结合预制墙板带水平/竖向企口，外侧打胶处理，做到构造防水、材料防水相结合，并结合外墙窗框集成、疏堵相结合的防水构造、五段式对拉螺杆和定制爬架的综合应用，减少了外墙的渗漏风险。

采用定制工具式升降爬架，避免外立面石材穿孔或预埋件破坏建筑立面效果，上下楼层穿插作业，达到节省人工的目的。

本工程最终实现装配式建筑施工现场建筑垃圾（不包括工程渣土、工程泥浆）排放量每万平方米不高于200t。

### 4. 结论及建议

本项目充分践行了建筑标准化设计理念，大大提高了预制构件的标准化程度，节约了工程造价；通过外墙窗框集成、疏堵相结合的防水构造、五段式对拉螺杆和定制爬架的综合应用，减少了外墙渗漏风险。

通过土建与室内精装、土建与外装饰装修工程、建筑单体与室外总体的立体穿插，实现了总工期相较于传统现浇住宅项目节省90d以上；采用外模内浇技术体系，装配与现浇两种施工工艺的区域相对独立，避免了作业面的交叉作业，实现了标准层6d/层的施工进度。通过铝模和PC构件的组合运用，大幅提高了土建结构构件的平整度和垂直度，混凝土外观质量得到明显提高。

本项目作为古典主义大都会风格的建筑，立面相对比较复杂，实践表明这样的高端建筑也可以通过预制装配式技术来实现，在国内市场大部分装配式住宅立面比较简单的情况下，树立了一个新的标杆产品形象。

**项目名称：** 万科中房翡翠滨江二期项目

**项目报建名称：** 中房滨江项目

**建设单位：** 上海中房滨江房产有限公司

**设计单位：** 上海天华建筑设计有限公司

**装配式技术支撑单位：** 上海兴邦建筑技术有限公司

**施工单位：** 上海建工五建集团有限公司

**构件生产单位：** 上海住总工程材料有限公司

**开、竣工时间：** 2014.10~2017.12

### 2.3.2　赵巷保利建工西郊锦庐

赵巷保利建工西郊锦庐 54 号楼采用装配复合模壳体系。装配复合模壳体系综合采用了免拆模技术和成型钢筋，可提高装配率和工地现场机械化施工程度，符合装配化、标准化的建筑工业化发展趋势，是装配式建筑领域近年来发展的一项新技术。该体系充分利用了施工现场装配式建造工艺和现浇混凝土结构的优势，其主要设计方法等同于现浇结构，综合性能与普通现浇混凝土结构相当，具有安全可靠、简化施工、节约耗材、减少扬尘和建筑垃圾等特点，具有较强的市场竞争力，未来应用前景广阔。

**1. 工程概况**

本项目位于上海市青浦区赵巷镇，地块总占地面积 115934m²，该地块的商品住房项目共有 63 栋。54 号楼采用装配复合模壳体系混凝土剪力墙结构，抗震等级四级；其余楼采用装配整体式剪力墙结构体系。

54 号楼建筑面积 2074.89m²，地上四层，地下二层，建筑高度为 14.550m，层高为 3.05m，平面尺寸为 44.4m×14.5m，平面较规则。采用的预制构件类型为：模壳剪力墙、模壳梁、预制混凝土夹芯保温外墙板、预制楼梯、预制填充内墙。单体预制率大于 30%，单体装配率大于 50%，满足当时政策要求（图 2.3-12）。

图 2.3-12　实景图

## 2. 装配式建筑设计

54号楼二层建筑平面图、建筑立面图和建筑剖面图分别如图2.3-13~图2.3-15所示。

54号楼的预制范围为1~4层，二层预制内墙平面布置图如图2.3-16所示。剪力墙竖向分布钢筋连接构造示意图如图2.3-17所示。

## 3. "两提两减"技术措施及成效

（1）技术措施

本项目的内墙采用装配复合模壳体系和预制轻质填充内墙，外墙采用预制混凝土夹芯保温外墙板，同时采用预制楼梯和叠合楼板，实现现场免拆模板施工。

1）装配复合模壳体系

装配复合模壳体系由免拆的水泥基复合模壳、钢筋骨架及拉结件、机电管线等组装而成的一体化部件。模壳构件由模板+钢筋骨架+集成机电管线组成（如图2.3-18所示），采用工厂化预制生产，主要包括模壳剪力墙、模壳梁等构件。

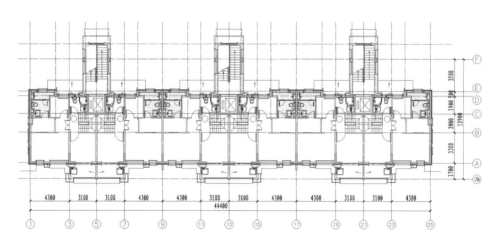

图 2.3-13 二层建筑平面布置图

图 2.3-14 建筑立面图

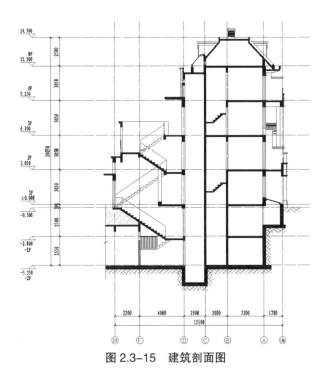

图 2.3-15 建筑剖面图

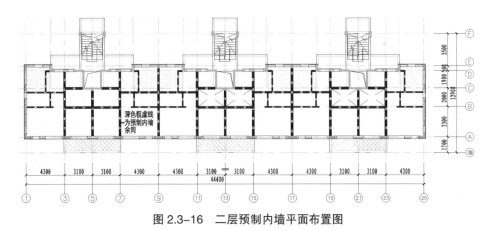

图 2.3-16 二层预制内墙平面布置图

模壳构件现场施工如图 2.3-19 所示。

装配复合模壳体系在建筑构件拆分设计及构件类型、施工技术选用上应以结构可靠、总体造价经济及施工方便的原则进行。该体系竖向构件上以模壳剪力墙构件为主，可根据实际使用需要配合预制轻质填充墙、轻钢龙骨隔墙等；梁构件可以采用模壳梁，也可采用叠合梁、预制梁、现浇梁等；楼板构件可以采用模壳板，也可采用叠合板、预应力楼板、现浇板等。

装配复合模壳体系具有以下特点：

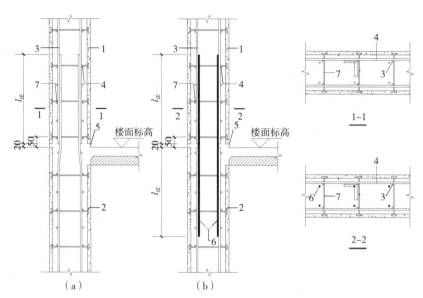

**图 2.3-17　剪力墙竖向分布钢筋连接构造示意图**

（a）钢筋延伸搭接；（b）附加钢筋搭接

1- 上层模壳；2- 下层模壳；3- 墙身竖向钢筋；4- 墙身水平分布钢筋；5- 施工接缝；6- 竖向连接钢筋；7- 拉结件

模壳构件采用工厂预制，并实现构件表面免抹灰，大幅节省了工地现场人工和模板用量。面板采用复合砂浆材料，厚度较薄，可免于蒸养，减少模板养护费和运输费，构件重量轻，减少吊装费用。体系仅需要布置临时斜向支撑，系统可自行承担浇筑混凝土时的模板侧压力。体系的钢筋置于面板之间且为工厂加工，现场钢筋网可见，便于钢筋工程的验收。系统后封标准模板可重复运用在不同工程，使系统更加节能环保，经济可行。钢筋独立布

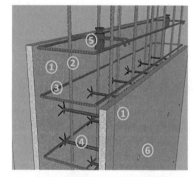

**图 2.3-18　模壳剪力墙构件组成示意图**

1- 面板；2- 竖向钢筋；3- 横向钢筋；4- 拉结件；5- 标高定位附件；6- 斜撑固定螺丝孔

置，设计施工灵活，若设计修改，钢筋仍然可变更、可利用。免拆模板可保护浇筑完的结构混凝土，对后期管线开槽也有很好适应性。整个体系的施工工序少，施工效率高，结构整体性和建筑防水性俱佳。

2）预制混凝土夹芯保温外墙板

本项目采用预制混凝土夹芯保温外墙板，实现了保温窗框结构围护一体化，同时，外墙实现了免模施工，如图 2.3-20 所示。

3）预制轻质填充内墙

预制轻质填充内墙采用轻质填充料制成，其中集成了梁模壳、线盒线管，如

**图 2.3-19　模壳构件现场施工图**
（a）构件运输；（b）构件装卸；（c）构件与货架整体吊装；（d）模壳墙构件起吊；（e）安装就位简单快速；
（f）纵横模壳墙安装就位；（g）模壳墙安装就位；（h）预制轻质填充内墙安装就位；（i）整层构件安装完毕

图 2.3-21 和图 2.3-22 所示。

（2）成效

与传统现浇混凝土建筑比较，采用预制混凝土夹芯保温外墙板技术和装配复合模壳体系技术可以在施工提效、提高质量、减少人工、节能减排等方面得到提升，具体如下。

施工提效：①预制混凝土夹芯保温外墙板的内叶墙、保温层及外叶墙一次成型，通过可靠的连接件连接形成一个整体，同时预埋线盒、线管以及钢筋绑扎等复杂工序都在工厂内完成，现场只需拼装、连接即可，可缩短施工工期。②装配复合模壳体系运用免拆模板及节点快速连接等高效施工工法，大大减少了现场模板及施工工序，可

图 2.3-20　预制混凝土夹芯保温外墙板

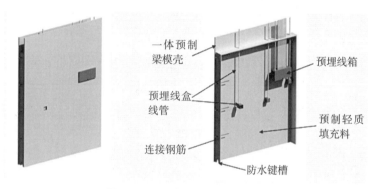

图 2.3-21　预制轻质填充内墙

图 2.3-22　预制轻质填充墙构件实例

缩短施工工期。③内墙采用的装配复合模壳体系为工厂预制，可实现构件表面免抹灰。

提高质量：①预制混凝土夹芯保温外墙板实现了围护、保温、窗框一体化预制，提高了工程质量。②装配复合模壳体系实质为免拆模板的现浇混凝土剪力墙体系，该体系采用了工厂化生产的成型箍筋及钢筋网片，提高了工程质量。

减少人工和节能减排：两种技术减少了现场支模和施工工序，提高了工地机械化施工程度，降低了能源消耗，减少了现场作业人工和节能减排。

### 4. 结论及建议

（1）预制混凝土夹芯保温外墙板可用于装配式建筑的承重或非承重外围护墙，可实现结构保温窗框一体化和外墙免模施工。

（2）装配复合模壳体系结构安全可靠，具有可施工性。模壳体系实质为免拆模板的现浇混凝土剪力墙体系，安全可靠。模壳体系避免了在预制工厂的大量预浇混凝土，有效降低了整体构件的重量，构件自身成本较低，且运输和吊装成本较低。模壳体系可参照装配式构件的吊装方式进行现场拼装施工，大大减少了现场模板搭设及钢筋绑扎施工工序，提高了工地机械化施工程度，降低了能源消耗，经济优势明显。模壳体系将结构构件及填充墙构件一次吊装完成，通过现浇混凝土连接，具有高预制率，高装配率，高效、低成本的特点。

**项目名称：** 赵巷保利建工西郊锦庐
**项目报建名称：** 赵巷镇 H3-02、H3-05 地块商品住宅项目
**建设单位：** 上海启贤置业有限公司
**设计单位：** 上海联创建筑设计有限公司
**装配式技术支撑单位：** 上海天华建筑设计有限公司
**施工单位：** 上海建工一建集团有限公司
**构件生产单位：** 上海衡煦节能环保技术有限公司
**开、竣工时间：** 2016.11~2017.5

## 2.4 施工管理

装配式建筑项目施工管理措施众多，能实现"两提两减"成效的管理措施均值得装配式建筑项目管理者借鉴和学习。

下面几个案例采取的部分施工管理手段在实践"两提两减"目标的过程中均有良好的成效。

"杨浦区平凉路街道 96 街坊办公楼项目"采用优化柱底键槽，提升灌浆质量；梁纵筋连接采用分体式灌浆套筒，提升施工质量；采用外脚手架高效施工工法——组装式防护架，提升施工效率。

"前滩 49-01 地块项目"采用全过程项目管理，通过 BIM 技术团队对施工过程进行模拟；搭建 PC 工法楼，总结施工技术经验，培训现场工人。

"新建莘庄镇闵行新城 MHC10204 单元 19A-03A 地块项目"采用装配式专项 EPC 管理，成本控制措施严格，施工现场错漏碰缺少。

"新江湾社区 E2-02B 地块租赁住房新建项目"为装配整体式混凝土剪力墙结构，外立面采用新型双层外挂式防护架代替传统脚手架体系，套筒灌浆时采用可视化监测器以及内窥镜检查技术，提高质量，提高效率。

### 2.4.1　杨浦区平凉路街道 96 街坊办公楼项目

本项目为全国首批、上海市首个装配整体式框架 – 现浇剪力墙结构的高层办公建筑，5A 级办公楼，绿色二星项目。优化柱底键槽，提升灌浆质量；分体式灌浆套筒，提高施工质量；BIM 技术优化施工方案，提高施工效率；新型外围护体系，降低施工成本；人工减少，工期接近。

#### 1. 工程概况

本项目地处杨浦区内环内，位于宁国路与沈阳路的交叉路口，属于商业办公楼，由 1 号楼、2 号楼、3 号楼、4 号楼、5 号楼（垃圾房）及地下车库组成。总建筑面积 43557.18m²，其中地上部分建筑面积 30183.65m²，地下部分建筑面积 13373.53m²。4 号楼为高层办公楼，采用装配整体式框架 – 现浇剪力墙结构体系，单体预制率 38%，满足当时政策要求。一 ~ 三层采用现浇，四层及以上为预制；预制构件为预制框架柱、核心筒外叠合梁、叠合楼板、全预制悬挑楼板、楼梯，竖向连接方式采用灌浆套筒连接，框架梁根据现场情况采用整体式或分体式套筒连接。在本项目之前全国尚未有相应体系的装配式规范可供参考，为满足项目安全使用要求，在设计时对一些结构规范取值上选取了一定的安全保证系数，并进行了专项论证（图 2.4-1）。

本项目为上海市第一栋装配整体式框架 – 现浇剪力墙高层办公楼，项目为上海市科技委立项《上海市高层建筑预制装配式技术研究与应用示范》课题、并入选上

图 2.4-1　项目实景图

海市建筑工业化实践案例汇编，同时也入选住房和城乡建设部建筑产业现代化示范项目。

### 2. 装配式建筑设计

4号楼结构屋面高度为77.7m，一层层高6.3m，标准层层高4.20m，地下室–1、–2层层高分别为4.90m、3.70m，嵌固于地下室顶板，为装配整体式框架–现浇剪力墙结构。4号楼核心筒以外框架柱、梁及板采用预制装配，最大及最重预制构件为第4层柱，截面尺寸为1000mm×1000mm，构件重8.6t（图2.4-2）。

### 3. 两提两减技术措施及成效

本项目是上海地区乃至全国范围内率先采用装配整体式框架–现浇剪力墙结构的高层办公楼建筑，在项目的建设过程中创新性地应用多项技术措施提升施工质量与施工效率：

（1）优化柱底键槽，提升灌浆质量

柱底设"米"字形抗剪槽，抗剪槽中心最高位置设通气孔，抗剪槽从柱边到柱中心由浅到深，便于浆液流到和充满。本项目柱尺寸较大，套筒数量多，柱底设"米"字形槽有利于柱底抗剪，但是灌浆是否有利还需检验，在套筒上方设置透气孔能否起到提高灌浆的可靠性也要检验（图2.4-3）。

项目中针对套筒灌浆质量的影响因素特别做了灌浆作业的验证性试验。试验中取

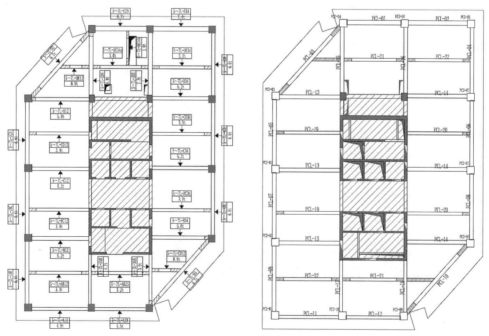

图2.4-2 标准层拆分示意图

三组试件，试件尺寸为 1000mm×1000mm×150mm（高），20kg 的灌浆料兑 4kg 左右的水，进行充分搅拌，然后进行压力注浆试验。根据试验结果得出影响灌浆密实性的主要因素有灌浆速度、灌浆料的拌和均匀程度、施工工人的熟练度等。结合这几点主要因素对于该项目特别提出保证灌浆质量的几点要求：控制注浆流速、注浆作业应采用定岗定员并进行专门培训、灌浆时需要监理人员旁站监督、密封砂浆浆体严格按照配比要求等（图 2.4-4）。

（2）创新应用分体式灌浆套筒，提高施工质量

项目的预制叠合梁纵向受力钢筋连接采用灌浆套筒连接。其中灌浆套筒分为整体式梁套筒和分体式梁套筒两类。其中 4~7 层框架梁及主次梁采用整体式套筒连接，施工过程中发现钢筋对接施工难度太大，为了提高施工效率，协同同济大学研制新产品，后续 8~18 层框架梁采用分体式灌浆套筒连接。采用分体式套筒可以有效降低因连接节点位置的操作空间过小带来的对施工的不利影响，其中采用钢筋套筒连接的叠合梁纵向受

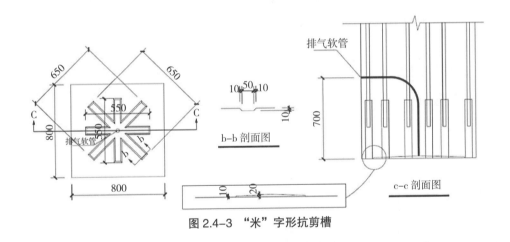

图 2.4-3　"米"字形抗剪槽

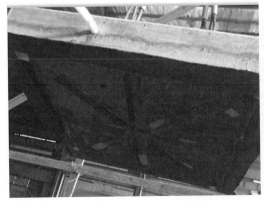

图 2.4-4　柱套筒灌浆作业试验

力钢筋的直径为 22~28mm（图 2.4-5）。

（3）利用 BIM 技术优化施工方案，提高施工效率

项目的建筑方案阶段就综合考虑了构件的生产加工、运输、吊装及现场安装施工的技术合理性和经济性，结合项目的实际难点，采用了全过程的 BIM 辅助设计。对项目中的主要构件，包括预制柱、预制梁、叠合板等进行节点碰撞检查和模拟施工，并针对模拟施工中发现碰撞问题及时对施工方案进行调整。利用 BIM 技术对于项目中出现的复杂连接节点进行重点优化处理。本项目中出现的预制斜梁连接节点，通过 BIM 技术的施工模拟将该节点施工过程清晰地展现出来，最大限度地降低了预制构件的安装难度（图 2.4-6）。

图 2.4-5 分体式梁灌浆套筒

（4）新型外围护体系，循环使用，提升装配式建筑的现场管理水平

本项目采用外脚手架高效施工工法—组装式防护架，通过模块化拼装、适应施工要求，具有安全性高、快速施工、运用高效、立面整洁等优点，与预制混凝土装配式建筑具有较高的契合度，更能提升装配式建筑的现场管理水平。采用防护架（外围一圈挑板上设置安装点位，可随构件一起吊装），装配式施工，循环使用，施工快，便于现场施工管理，成本与有外架相比约便宜 30%（图 2.4-7）。

（5）与现浇对比，采用装配式人工减少，工期接近

选取与 4 号办公楼（装配结构）平面布置、面积类似的 1 号楼（现浇结构）进

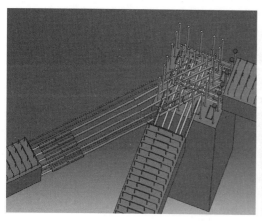

图 2.4-6 BIM 技术应用

图 2.4-7 组装式防护架

行现场人工数量的对比。采用装配结构的楼栋，人工节约 1/3 左右，且实际工期相近（表 2.4-1）。

人工成本对比 表 2.4-1

| 单体 | 各工种人数 | | | | | | 总人数 |
|---|---|---|---|---|---|---|---|
| | PC 工 | 钢筋工 | 木工 | 混凝土工 | 机电工 | 放线工 | |
| 1 号现浇 | 0 | 35 | 30 | 20 | 8 | 2 | 95 |
| 4 号装配 | 8 | 20 | 18 | 15 | 0 | 2 | 63 |

注：实际工期均为 10d 一层，节约人工 1/3。

### 4. 结论及建议

本项目施工时间为 2014 年，为上海市第一栋装配整体式高层办公楼，当时对于装配整体式框架 – 现浇剪力墙结构的高层办公楼建筑还处于摸索阶段，项目通过大量试验，选取合理的节点连接方式和施工方案，积累了宝贵的设计施工经验。本项目施工工期相较于现浇项目工期节省有限（无经验可循），但施工过程中通过加强施工管理，采用组装式防护架等措施，人工节省近 1/3，成本节省明显，具有一定借鉴意义。

**项目名称：**绿地滨江中央广场

**项目报建名称：**上海市杨浦区平凉路街道 96 街坊办公楼项目

**建设单位：**上海杨浦盛杨置业有限公司

**设计单位：**上海中森建筑与工程设计顾问有限公司

**装配式技术支撑单位：**上海兴邦建筑技术有限公司

**施工单位：**上海绿地建设（集团）有限公司

**构件生产单位：**上海良浦住宅工业有限公司

**开、竣工时间：**2014.11~2017.11

## 2.4.2 前滩 49-01 地块项目

该项目采用装配整体式混凝土结构体系建造。建造过程由全过程的专业项目管理团队通过独立的 BIM 技术团队对实施过程进行模拟、通过 PC 工法楼总结技术和经验、通过一体式门窗构造防水节点有效提高了工程施工质量，提高了管理水平，避免了返工的可能性，同时减少了劳动力的投入，缩短了工程工期，以及减少了现场混凝土及模板废弃物，最终实现项目"两提两减"的目标。本项目现已取得了绿色设计二星标识。

### 1. 工程概况

本项目位于上海市浦东新区前滩。占地面积 15752.8m²，总建筑面积 67078.38m²，其中地上建筑面积 41239.5m²，地下建筑面积 25838.88m²。本项目由 5 栋 49.4m 高的住宅楼，1 栋配套用房，1 栋 KT 站和一座地下两层车库组成。5 栋住宅单体预制率均不小于 40%（图 2.4-8、图 2.4-9）。

1~5 号楼住宅总预制面积为 39841.66m²，采用装配整体式剪力墙结构，预制构件种类包括预制外围护、预制叠合楼板、预制设备板、预制阳台板、预制楼梯五种构件。

### 2. 装配式建筑设计

本项目根据设计技术指标，将 1、2 号楼作为一种标准构件模块，3~5 号楼作为另一种标准构件模块进行设计。在装配式深化设计过程中，采用 BIM 技术，模拟构件的拼装，减少安装时的冲突，剪力墙 PC 构件采用灌浆套筒内预留插筋、高强度灌浆施工的新技术施工工艺，将 PC 构件进行有效连接，增加了 PC 结构的施工使用率，提高

**图 2.4-8 项目实景航拍图**

了施工效率。1、2 号楼的标准层户型如图 2.4-10 ~ 图 2.4-12 所示。

　　为加强外墙预制构件的防水效果，在 PC 深化设计时充分利用自身构造措施结合外墙防水雨布来实现防水，图 2.4-13 为本项目标准的预制构件竖向连接的水平缝构造做法，图 2.4-14 为预制构件与现浇混凝土构件水平连接的竖缝构造节点。

图 2.4-9　单体立面效果图

图 2.4-10　1、2 号楼标准层建筑平面示意图

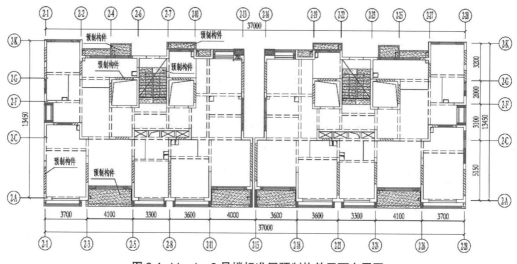

图 2.4-11　1、2 号楼标准层预制构件平面布置图

### 3. 两提两减技术措施及成效

（1）基于 BIM 的多专业协同深化设计与施工管理

本项目基于智慧前滩整体区域建设要求，围绕现场施工而逐步展开，力求借助 BIM 技术辅助指导现场施工管理和进度、质量控制，协助施工图纸深化和纠错。装配式建筑与传统现浇建筑从设计到施工均有较大差异，因此需要进行深化设计，通过使用 BIM 三维模拟技术，实现了可视化设计，并模拟确定预制构件拆分的最佳可行性方案，例如：预制构件的位置、大小、数量等情况（图 2.4-15）。

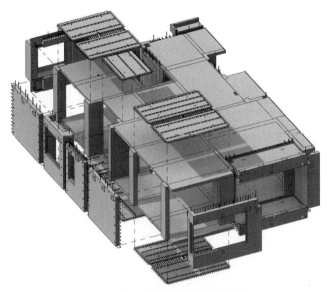

**图 2.4-12　预制构件拆分效果图**

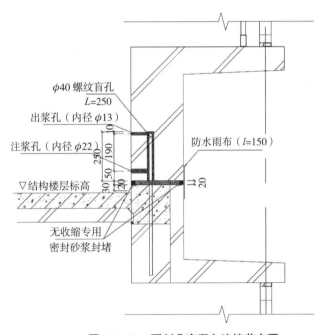

**图 2.4-13　预制凸窗竖向连接节点图**

多方面、全方位地运用 BIM 技术，为本项目在施工准备和实施阶段提供技术支撑和方案优化数据，保障了本工程在施工进度方面的领先。通过 BIM 深化设计技术与装配式建筑施工技术相结合，对现场施工组织方案进行实况模拟，从场平布置、构件进场、构件吊装、灌浆等进行动态模拟，提前确定最佳方案。通过实时结合工期核算现

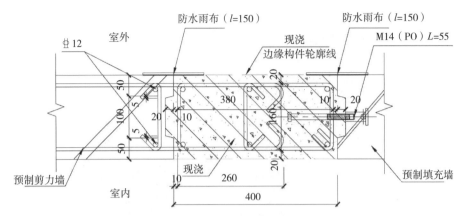

图 2.4-14　预制构件与现浇结构连接节点图

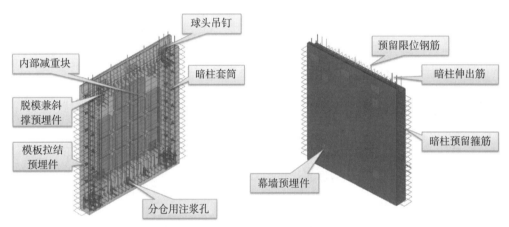

图 2.4-15　预制构件深化效果图

场人、货流量，综合考虑施工流水段，对现场塔式起重机、施工电梯等进行精细可视化模拟，从而确保塔式起重机能够便利地安装和拆除，人、货电梯能够满足现场垂直运输需求，优化施工组织设计，提高现场施工生产的效率和效能（图 2.4-16）。

（2）全过程项目管理之装配式专项施工管理

全过程项目管理就是从项目整体性、宏观性、系统性方面来对项目实施管理工作，在委托方的授权下，在项目不同阶段配置不同专业领域的专家人员如建筑师、经济师、工程师等共同开展专业的项目管理工作，同时对项目各个不同专业和有关技术进行选择、协调、整合管理，使项目满足建设的目标，也即满足从项目策划直至项目完成各阶段的管理要求。本项目在装配式专项施工管理阶段，主要开展了如下精细化施工管理工作：

1）项目启动之初，确定各设计团队，通过一体化设计将各专项设计提前介入到施工图设计过程，避免 PC 深化设计图无法落地或者落地后需要大量修改（图 2.4-17）。

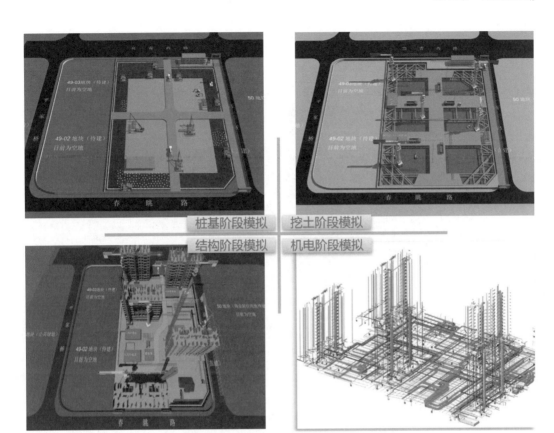

图 2.4-16　BIM 技术施工阶段应用成果展示图

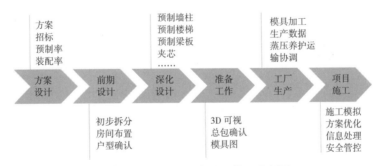

图 2.4-17　装配式全过程管理流程图

2）通过建造一个二层的 PC 工法楼，将土建、预制构件、外幕墙、精装修、智能家居等各专业全部融合在一起先行先试，各专业实施过程中及时总结经验和教训，为大面积开展积累了宝贵的经验。使得专项施工图设计的效率得到极大提升，同时减少现场施工阶段至少过半的变更问题，节省大批量的人力、材料等返工工作（图 2.4-18）。

3）预制构件生产过程，派驻监理驻场参与隐蔽工程质量检查和验收，确保 PC 构件本身的质量，同时也加强对机电管线预埋、幕墙埋件预埋、门窗副框预埋质量管控。

图 2.4-18　二层 PC 工法楼图片

本项目运至现场的预制构件成品率超过 99.8%。

4）总结和优化工法楼实施过程中的经验，将外排架、墙板吊装、梯段吊装进行整合，每层施工工期从原 10d 优化至 8d，整个项目地上结构阶段就节约了超过 30d 的工期。

5）推荐和引导总承包单位采用钢木组合定型化模板，将核心筒、转角及外墙位置都采用定型化模板系统来进行施工，加快了模板周转过程中拆除和重新支模的速度，提高了施工效率，每层楼约缩短工期 0.5d，人力成本降低约 3%，墙体现浇部分表观质量显著提高，模板废弃物相较传统模板减少超过 20%（图 2.4-19、图 2.4-20）。

（3）采用一体式门窗构造防水节点，显著提高了门窗防水性能

本项目采用了品牌系统门窗，但为了有效提高门窗与结构的连接薄弱点防水能力，在构造上采用了一体式防水节点。具体如下：预制构件窗洞预埋钢副框，并在窗口设置翻坎；在窗口外侧除了常规防水处理外加铺贴一层防水雨布，作为防水加强层；防水雨布外侧进行面层防水砂浆抹灰或幕墙饰面，并做斜坡处理，避免积水。该节点做法，在通过现场快速淋水试验后，还抽取一定比例进行现场加压淋水检测测试（模拟台风等极端恶劣天气条件工况），降低了窗边渗漏水风险，提高了门窗防水效果，从而减少渗漏引起的维修损失。实际该项目已经历了两年的台风考验，门窗局部渗漏水报修率维持在千分之一以下（图 2.4-21、图 2.4-22）。

**4. 结论及建议**

本项目采用了先进的施工组织管理方法，通过精细化管理，充分利用 BIM 管理工具，将装配式建筑的实施提升到一个较高的水平，项目在建设过程中，先后获得了"上

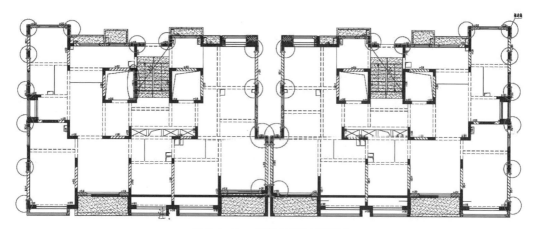

图 2.4-19　定型化模板布置图

图 2.4-20　定型化模板实景图

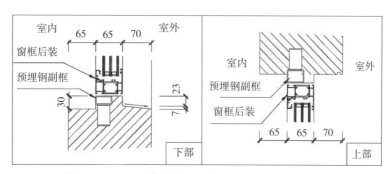

图 2.4-21　预制构件窗边防水做法（副框预埋节点）

海市文明工地""上海市装配式建筑示范项目""2020 年度上海市建设工程'白玉兰'奖""二星级绿色建筑设计标识证书"等奖项，充分发挥了装配式建筑比现浇结构更能实现高效率、高质量、减少人工及节能减排的优点，最终实现项目"两提两减"目标。

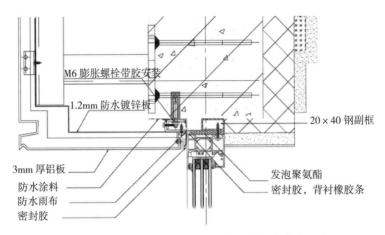

**图 2.4-22　预制构件窗边防水做法（防水节点图）**

本项目中的叠合板施工由于不能完全取消排架，因此在吊装完墙板后，需留设一定时间搭设局部排架支撑，然后才能吊装叠合板，因此该施工工艺对于工期影响较大，制约了工期进一步缩短的可能性。后续项目可以继续加深研究，若是能采用免模免支撑体系，将会取得更佳的经济技术效益；同时本项目若采用外墙一体化、局部装修一体化等措施，也会将"两提两减"的效果再提升一个台阶。

**项目名称：** 前滩晶萃名邸

**项目报建名称：** 前滩 49-01 地块项目

**建设单位：** 上海前滩国际商务区投资（集团）有限公司

**设计单位：** 上海天华建筑设计有限公司

**装配式技术支撑单位：** 上海天华建筑设计有限公司

**施工单位：** 中国建筑第八工程局有限公司

**构件生产单位：** 上海建工材料工程有限公司

**开、竣工时间：** 2017.12~2020.10

### 2.4.3　新建莘庄镇闵行新城 MHC10204 单元 19A-03A 地块项目

本项目始终从全产业链的角度出发，以提高装配式项目整体效率为目标，降低项目实施成本为最终目的。在项目实施的过程中通过精益化的设计减少预制装配式生产及施工的变更，大大减少了资源浪费。以设计为核心合理融合生产、装配等环节，有效控制项目成本，最终实现"两提两减"。

**1. 工程概况**

本项目位于上海市闵行区，总建筑面积 62706m²，包括 2 栋高层，4 栋多层，装配式建筑面积比例为 100%，预制率大于 30%，满足当时政策要求。预制构件总方量约为 5842m³。项目效果图如图 2.4-23 所示、项目实景图如图 2.4-24 所示。

本项目主要预制构件类型为：预制叠合梁、预制叠合板、预制外挂墙、预制空调板。本项目采用艺术混凝土饰面一体化预制外墙，预制外墙模底部选用硅胶模。

**2. 装配式建筑设计**

本项目设计阶段综合考虑下述几方面因素：

1）预制构件拆分标准化、模数化，以达到提高生产及施工效率、降低预制构件制造及施工成本的效果。

2）加强与幕墙专业、泛光照明专业、机电专业之间的跨专业沟通，预埋件均应在深化设计专业图纸上体现，由预制构件厂在构件生产阶段预埋。减少现场后植预埋件

**图 2.4-23　项目效果图**

工作量，降低现场人工费用。

3）本项目在装配式专项设计阶段采用 BIM 技术，BIM 模型实例如图 2.4-25 所示。预制外挂墙板标准层平面布置及主要连接节点见图 2.4-26、图 2.4-27。

### 3. 两提两减技术措施及成效

（1）作为本项目装配式 EPC 专业承包单位，始终以设计为核心，在设计阶段采用有效合理技术管理手段以实现降低项目成本：

1）合理技术方案的选择：

方案一，采用行业内比较常见的结构构件预制。主要预制构件种类为：预制柱、叠合梁、预制楼梯、叠合楼板。

方案二，采用装饰一体化预制外墙。主要预制构件种类为：预制外墙板、叠合次梁、叠合楼板。

两个方案的主要差异在于方案二选用了预制外墙，取消预制楼梯、预制柱以及预制框架梁。

综合对比方案一及方案二经济指标，方案二 ±0.000 标高以上整体混凝土量比方案一高约 10%，外脚手架、抹灰工程、模板工程、外立面造价比方案一低约 50%，方

**图 2.4-24　项目实景图**

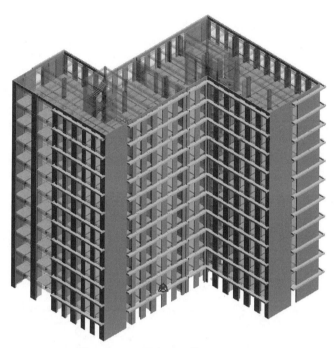

图 2.4-25　项目 BIM 模型 – 展示图

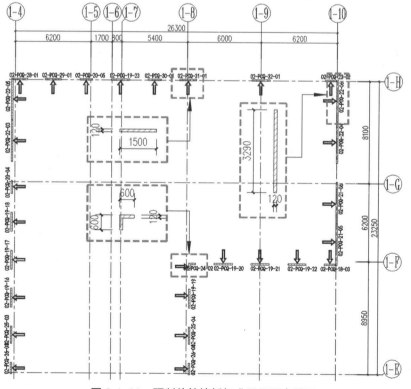

图 2.4-26　预制外挂墙板标准层平面布置图

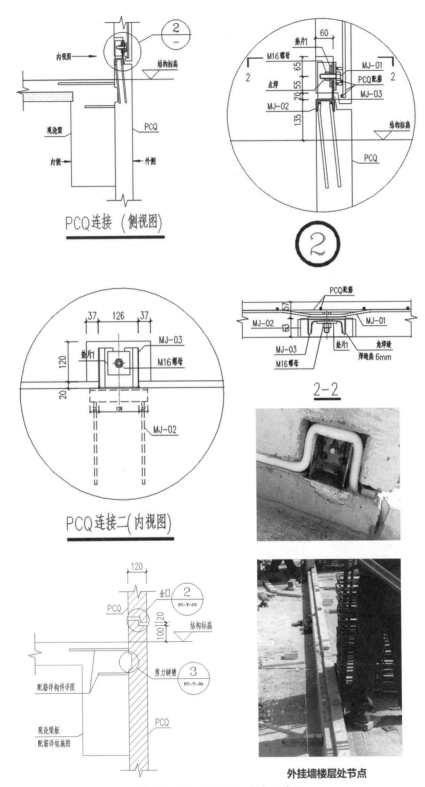

图 2.4-27　主要连接节点示意图

案二整体造价相较于方案一约低 5%。本项目最终选择更具挑战性、独特性、经济效益更优的方案二作为最终实施方案。

2）预制构件拆分标准化、模数化，以达到提高生产效率、降低预制构件制造成本的效果。具体措施如下：

①控制本项目预制外墙板仅为两类，一类为 1.5m 宽平板，一类为 0.6m×0.6m 转角板；②本项目叠合楼板主要采用宽 2.780m、2.480m、2.805m 三种模数；③次梁宽度统一，次梁伸出筋方式一致。

3）加强跨专业沟通，前置幕墙、泛光照明、精装修等配套专业，在构件生产之前将相关专业点位深化至构件详图中，使构件正式生产之后配套专业无重大变更。以达到项目实施阶段本项目装配式部分无增项变更费用。

（2）装配式装饰一体化预制外墙的应用：

本项目装配式装饰一体化预制外墙不仅美观灵动，且外饰面一体成型大大减少了外立面二次施工，缩短了外立面施工工期，从而降低了项目整体造价。采用装饰一体化外墙板节省了外模板，减少了外饰面造型施工，且预制构件种类单一，有两种基本规格（平板及转角板），施工周转材料费减少约 50%（图 2.4-28）。

（3）超高外墙板运输、堆放、吊装专项实施技术：

本项目预制外墙宽 1.5~3.0m，高 4.5~6.0m，厚 120mm。综合考虑道路运输限高及外饰面成品保护要求，预制外墙采用侧立式堆放及运输（图 2.4-29）。因此预制外墙安装前相较普通预制墙板增加了一步翻转的工序。因预制外墙外饰面一体成型，外饰面成品保护要求高，为翻转方案的选择带来了很大难度。项目实施前期共制定了三套方案：

方案 1，沙坑翻转。在每栋楼的堆场边上挖 4.0m×7.0m×1.0m（深）的坑，坑内填 800mm 厚的细沙，以供预制墙板翻转。

方案 2，废旧轮胎翻转。在每栋楼的堆场边上设置轮胎翻板场地，轮胎上铺设粗纤维布料以保证墙板清洁并增加摩擦力。

方案 3，液压翻板机翻转；详见翻转装置图。现场吊装时，先将外墙板放置于翻转台，经翻转后可进行下一步吊装（图 2.4-30）。

最终，通过综合对比及实验验证选择了方案 2。方案 1 经济合理，但受现场场地限制无法实现；方案 3 成本昂贵，设备约 30 万元/套，本项目至少需要两套。

### 4. 结论及建议

本项目从全产业链的角度出发，以提高装配式项目整体效率、降低项目实施成本为

图 2.4-28　外墙建成实景图

目标。重视设计对项目整体成本的影响。在项目实施的过程中通过精细化的设计以及详尽的专项施工方案，提高生产及施工效率，减少设计变更和资源浪费。以设计为核心合理融合生产、装配等环节，有效控制项目成本和工期，进而实现"两提两减"的目标。

**项目名称**：新建莘庄镇闵行新城 MHC10204 单元 19A–03A 地块项目

**项目报建名称**：新建莘庄镇闵行新城 MHC10204 单元 19A–03A 地块项目

**建设单位**：上海莘海文化投资有限公司

图 2.4-29　外墙板堆放图

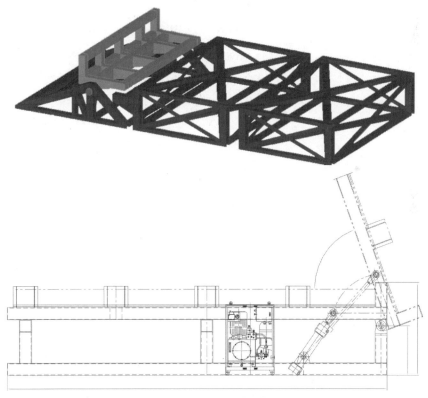

图 2.4-30　翻转设备

设计单位：上海中建建筑设计院有限公司

装配式技术支撑单位：上海研砼建筑设计有限公司

施工单位：江西有色建设集团有限公司

构件生产单位：江西有色建设集团有限公司

开、竣工时间：2017.7~2018.2

### 2.4.4 新江湾社区 E2-02B 地块租赁住房新建项目

新江湾社区 E2-02B 地块租赁住房新建项目为装配整体式混凝土剪力墙结构，结构施工时，外立面采用新型双层外挂式防护架代替传统脚手体系，提高效率，减少人工，降低成本。套筒灌浆连接作业时，采用了饱满性监测器和内窥镜检测，提高了套筒灌浆饱满性。

**1. 工程概况**

本项目为公共租赁住宅项目，位于上海市杨浦区新江湾城街道，用地面积 19084.90m²，总建筑面积 66573.26m²，地上建筑面积 47265.03m²，地下建筑面积 19308.23m²。

由三栋单体和其他配套用房组成，其中公共租赁住宅采用装配整体式混凝土剪力墙结构，均为 16 层。预制构件分布范围为预制楼梯梯段、预制围护墙和预制外墙范围为 2 层至顶层，预制叠合板为 3 层至顶层，预制剪力墙范围为 4 层至顶层。预制构件包含：PCF 板、预制剪力墙、预制楼梯、预制阳台、预制隔墙及叠合板。单体预制率：40% 以上（图 2.4-31）。

**2. 装配式建筑设计**

图 2.4-32、图 2.4-33 为 2 号楼的标准层建筑结构布置图。其中二～顶层结构为装配式结构剪力墙形式，其余为现浇钢筋混凝土结构。户型有 4 种，分别为 D、E、F、G 户型。

图 2.4-31 项目效果图

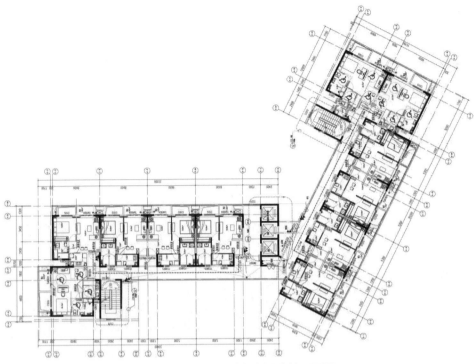

图 2.4-32　2 号楼标准层建筑平面图

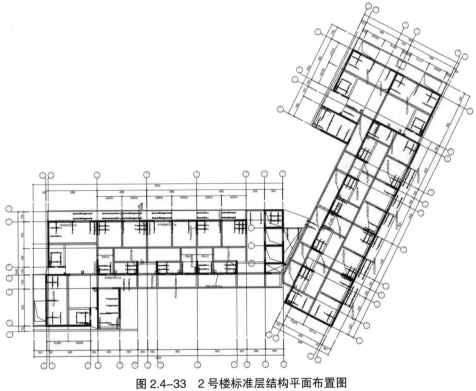

图 2.4-33　2 号楼标准层结构平面布置图

### 3. 两提两减技术措施及成效

本项目采用双层外挂式防护架。外挂式外防护架主要由三脚骨架、脚手板及防护网等组成，通过钢牛腿和高强度螺栓与主体结构进行连接，如图 2.4-34 所示。外挂式外防护构造在满足施工要求的前提下，应具有足够的强度、刚度和稳定性。

外挂式防护架有以下特点：（1）防护架为工具式定型化架体，一次组装，直接提升，安装简单方便，如图 2.4-35 所示。（2）架体焊接，整体刚度强，并采用穿墙螺杆

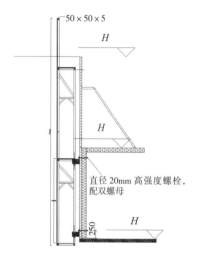

图 2.4-34　外挂式外防护架与主体结构连接示意图

图 2.4-35　单榀外挂架吊装　　　　图 2.4-36　外挂式防护架现场应用示意图

与墙体进行连接，安全性较高。（3）防护架可重复利用，提高使用效率。（4）到场即可安装，现场无需备料，增加现场空间。

本项目 1 号、2 号、3 号楼为装配整体式结构，单体外防护采用外挂式防护架操作平台。在标准层一层施工完成后开始外挂式防护架搭设，当楼层混凝土浇筑完成后，混凝土达到设计强度，每榀外挂架采用塔式起重机提升一层，减少了脚手架的搭设，有效提高了施工效率，保障了作业人员安全，现场应用情况如图 2.4-36 所示。

对比各类脚手架成本，钢管扣件式脚手架、盘扣式脚手架、爬架及新型外架从单体建筑层数进行成本分析（表 2.4-2），并从适用范围、操作人数和搭设时间的维度进行对比（表 2.4-3），体现新型外挂架优势。

各类脚手架成本对比 表 2.4-2

| 层数 | 建筑面积 | 盘扣脚手架 | 钢管扣件脚手架 | 爬架 | 新型外挂架 | | |
|---|---|---|---|---|---|---|---|
| | 单位 | 租赁 | 租赁 | 租赁 | 租赁 | 购买 | 购买按 5 个项目摊销 |
| 18 层及以下 | 元 /m² | 120 | 65 | — | 37 | 57 | 21 |
| 20~22 层 | 元 /m² | 120 | 65 | — | 34 | 51 | 20 |
| 24~25 层 | 元 /m² | 120 | 65 | 65 | 32 | 46 | 19 |

各类作业脚手架对比 表 2.4-3

| 项目名称 | | 传统脚手架 | 盘扣脚手架 | 爬架 | 新型外挂架 |
|---|---|---|---|---|---|
| 适用范围 | 传统建筑 | 适用 | 适用 | 适用 | 不适用 |
| | 装配式建筑 | 适用 | 适用 | 适用 | 适用 |
| | 结构、外墙装饰 | 适用 | 适用 | 适用 | 适用 |
| | 层高 | 各种高度 | 各种高度 | 各种高度 | 各种高度 |
| | 层数 | 各种层数 | 各种层数 | 20 层以上 | 16 层以上 |
| | 操作人数（以 20 层，建筑面积 10000m²） | 10~15 人 | 10 人 | 5~7 人 | 5 人 |
| | 每层搭设或提升时间 | 2~3d | 2~3d | 1d | 3~5h |

本项目采用套筒灌浆饱满性控制措施。装配整体式混凝土结构竖向连接以钢筋套筒灌浆连接为主，套筒灌浆质量是装配式混凝土结构连接质量的重要影响因素。套筒灌浆作业属于隐蔽施工，在传统的灌浆施工过程中难以对其质量进行有效把控。本项目为保障工程质量，加强装配整体式混凝土结构工程钢筋套筒灌浆连接施工质量管理，特编制套筒灌浆作业指导手册。要求灌浆过程中采用监测器监测套筒出浆情况（图 2.4-37），灌浆结束后采用套筒内窥镜检测灌浆饱满性（图 2.4-38），对灌浆不饱满

图 2.4-37　采用监测器进行灌浆施工　　　图 2.4-38　内窥镜检测灌浆饱满性

套筒采取措施进行补灌浆，有效提高了套筒灌浆饱满性，保障了工程质量。

### 4. 结论及建议

（1）本项目采用了双层外挂式防护架，进度控制方面：与传统脚手架相比脚手搭设一层需一天多的工期，外挂架每榀仅用 10min，一层所需时间为 3h。人力资源方面：与传统脚手架相比脚手搭设需 10 工日 /d，外挂架只需 2 工日 /d。安全文明方面：①外挂架较脚手架搭设过程中，对操作工人的安全保护性更高；②外挂架安装时间短、高空交叉作业风险低；③外挂架在使用过程中，施工作业层较脚手架封闭性更好，更安全。成本分析方面：外挂架可节约外防护费用区间为：38.5%~66.7%。如换算至建筑面积，可节省 2%~4% 的建筑施工总成本。

（2）本项目采用套内窥镜检测方法及监测器，提高了套筒灌浆饱满性，减少了质量隐患。

结论：综上所述，从施工安全性、施工技术可行性、经济性和现场的整体效果这四个维度评估，极具推广潜力。


**项目名称**：杨浦区新江湾社区 E2-02B 地块租赁住房新建项目

**项目报建名称**：杨浦区新江湾社区 E2-02B 地块租赁住房项目

**建设单位**：上海城业房地产有限公司

**设计单位**：上海市建工设计研究总院有限公司

**装配式技术支撑单位**：上海市建工设计研究总院有限公司

**施工单位**：上海建工五建集团有限公司

**构件生产单位**：锦萧建筑科技有限公司

**开、竣工时间**：2019.8 至今

# 第3章
## 数字化建造

通过数字化建造技术的应用，装配式建筑项目可实现设计、生产、施工、运维全过程的数据传递。数字化建造与建筑工业化的深度融合，为推动智能建造的发展打下了基础。

"上海嘉定新城菊园社区 JDC1—0402 单元 05-02 地块项目"在设计、生产阶段应用了 BIM 技术。项目开发了基于 BIM 的智能建造协同管理平台，将智慧工地、智能建造设备、数字化管理模块连接至平台，实现数字孪生。

"颛桥镇闵行新城 MHPO–1101 单元 03–05、04–02 地块商办项目"实现全专业 BIM 正向一体化设计，运用 BIM 和 VR 技术指导施工，提高了效率和质量。

"宝业·活力天地项目"采用智能建造技术，实现数据在设计、生产、施工等阶段的有效传递，提升工程项目在进度、质量、安全等各方面效益。

## 3.1　上海嘉定新城菊园社区 JDC1-0402 单元 05-02 地块项目

本项目采用了装配式双面叠合剪力墙体系及装配式精装体系，在设计阶段和生产阶段应用了 BIM 技术，开发了 BIM 的智能建造协同管理平台，利用物联网技术实现项目进度和质量安全管理可视化，将智慧工地、智能建造设备、各项数字化管理模块连接至平台，实现了项目的数字化建造。通过上述措施，保障了工程进度、质量与安全，最终实现了项目"两提两减"的目标。

## 1. 工程概况

项目位于嘉定区，占地面积约 4.2 万 $m^2$，总建筑面积约 12.3 万 $m^2$。本项目工程单体分别为 7 栋 18 层高层住宅，14 栋 5 层多层叠墅，地下一层。本项目除 3~5 号楼采用 SPCS（新型装配式双面叠合夹芯保温剪力墙）外其余均采用装配整体式剪力墙结构，2 层至顶层为预制装配，屋顶现浇。本项目包含的预制构件有：预制外墙板、预制内墙板、预制楼梯、预制阳台、预制凸窗、预制叠合楼板。本项目预制率 40%（图 3.1-1~ 图 3.1-3）。

## 2. 装配式建筑设计

本项目共 1651 套住宅，包含 3 种高层户型和 3 种叠墅户型，整体户型少、装配式标准高，标准化程度高。SPCS 体系 [60（保温保护层）+40（XPS 板）+50（预制外叶板）+100（空腔）+50（预制内叶板）] 采用可靠易检的钢筋搭接连接方式，质量安全可控；墙板采用机械焊接钢筋网片构造，端部不出筋，可实现大规模工业化、自动化生产需要（图 3.1-4、图 3.1-5）。

图 3.1-1　建筑鸟瞰和立面效果图

图 3.1-2　项目实景图

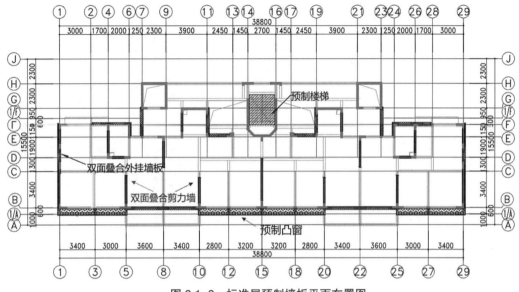

图 3.1-3　标准层预制墙板平面布置图

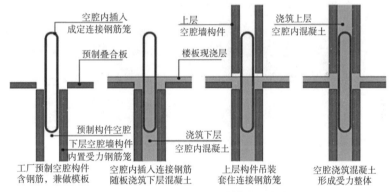

图 3.1-4　SPCS 体系钢筋搭接连接方式

### 3. 两提两减技术措施及成效

本项目重点技术管理措施如下：

（1）践行标准化、一体化理念

本项目采用装配整体式剪力墙结构，整体项目标准化程度高、户型少，预制飘窗和在预制楼梯单体建筑中重复使用最多的三个规格构件数量（总共 5 种类型）占同类型预制构件梳理比例大于 70%。

（2）数字化建造

1）全流程 BIM 应用

本项目从设计阶段开始进行了数字化应用布局，采用基于 BIM 技术的全流程数字化管理方式,在设计阶段采用数字化手段进行改造,在生产、施工阶段利用智能设备,充分利用并发挥数字设计成果,实现建设期的数字化全流程应用。

①设计端:本项目按照交付标准中的拆分原则进行模型划分,在单专业部分,按照底层+标准层+机房层的模式进行构建及复制,保证模型在物理维度的一致性(图 3.1-6)。

本项目属于整栋封装,在两个维度进行设计优化,一个是传统型的专业与专业间的设计优化,如土建专业与机电专业间的设计优化,另一个是整层的设计优化,即把各专业整合在标准层后进行合模检查来发现各专业交圈问题,进而从全局的角度进行优化。

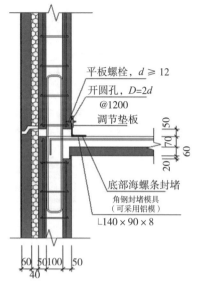

图 3.1-5 双层叠合夹芯保温一体板(SPCS)

图 3.1-6 各专业模型封装与碰撞检测

本项目在室内专业进行正向设计，此次技术路线的关键处是采用 BIM 正向设计的方式进行图纸输出，其主要特色是图纸质量高、减少错漏碰撞现象，图纸均为模型的二维视图剖切，所见即所得，图纸与模型无缝对应。本项目建立了数字化构配件库，可以有效降低对建模人员专业技术要求，且体系不变即可实现二次复用，可缩短建模时间（相比手工建模时间缩短 50%）。同时，可以利用 BIM 软件在模型中进行户内漫游，让方案可视化，有利于提升对方案优化效率，从而减少对成本造成的影响。本项目经过检查及沟通前期优化设计共计 70 多处，产生的经济效益能够完全覆盖 BIM 所需的开发与应用成本，100 万 ~ 300 万元 / 项目（图 3.1-7）。

②自动算量：本项目从工程设置、构件参数、构件归属等方面分析影响工程量的因素，研究 BIM 正向设计与造价咨询单位传统算量的工程量核对流程及步骤。对 BIM 正向设计算量得出的计量结果进行定量及定性分析，深入研究 BIM 算量与传统算量协同工作模式、设计模型向造价模型转化构件标准化方法、基于 BIM 的工程量快速核对标准流程等 3 个方面的内容。本项目经过多次细化模型规则，目前准确率可达 98% 以上，在进一步对成本核价模式的校准后，可带来市场效应能够显著降低管理成本 5~10 元 /m²。

③生产端：在构件生产阶段，本项目采用工业 4.0 智能生产工厂和基于 BIM 模型研发的针对 SPCS 结构的智能深化设计软件。智能化程度高，软件内置 SPCS 技术的设计规则自动生成图纸与清单，使预制构件的建模、拆分设计、深化设计、图纸绘制等均可自动快速完成，有效提高设计效率。同时，软件数据上游可直接对接自动生成导出、对接下游工厂生产装备的加工数据以及用于生产、施工可视化管理的模型数据，为构件生产、施工提供数据支持，设计生产流程见图 3.1-8。智能生产工厂确保了生产过程的透明可控，实现了能耗降低 20%，产线人员降低 50%，产能提效 40%。

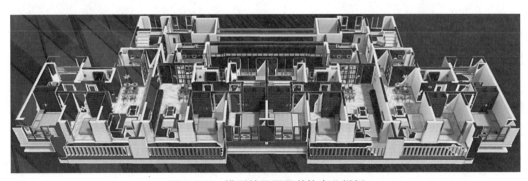

图 3.1-7　模型效果图及装饰专业样例

④施工端：在设计模型的基础上，进行了包括场布、脚手架、标准层管道井、三维排砖等一系列策划与二次建模深化。利用"模块化BIM"标准做法，将传统零散的BIM应用点进行系统的整合，形成一套从策划、建模、深化、出图到施工的BIM应用标准（图3.1-9）。

2）协同管理平台（图3.1-10）。

本项目应用自主研发的基于BIM的协同管理平台，针对项目施工进度、质量、安全、管理行为、材料、资料、会议等全方位进行信息化管控，实现对项目全参与方、全流程的扁平化管理，有效提高了各专业深度协同作业水平。同时，利用物联网技术将多种智慧工地、智能建造设备和传感器、各项数字化管理模块连接至平台，实现了数字孪生。

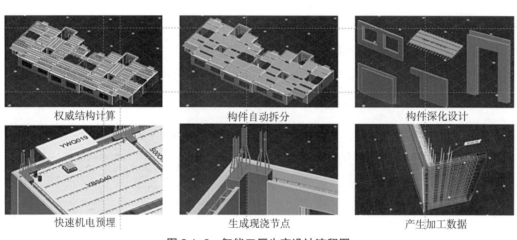

图3.1-8 智能工厂生产设计流程图

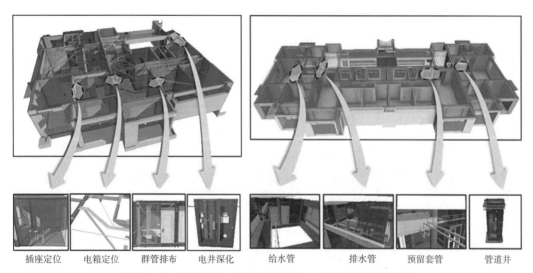

图3.1-9 基于BIM对标准层强弱电、给水排水深化设计

①管理数据可视化

为规范日常管理行为，进一步实现过程中标准化项目管理，建设单位开发了智检App，针对材料验收、工序报验和移交、巡检、实测实量等重要环节进行管控。本项目借助自主研发的基于 BIM 的施工管理平台将智检传统信息数据与 BIM 构件级模型相关联，实现施工过程进度、质量、安全、材料、资料的信息化管理，有效提高各单位多专业间协同作业和沟通水平。截至土建移交精装，项目共产生 61258 条进度录入，254 条质量问题工单，458 条安全问题工单，5601 个实测实量点位数据，2504 条协调工单及 3205 份资料文件（图 3.1-11）。

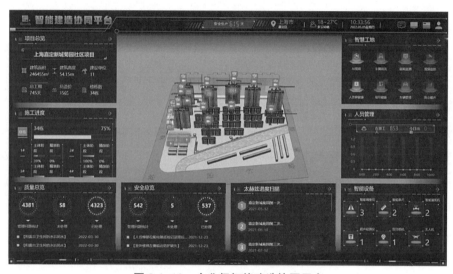

图 3.1-10　企业级智能建造协同平台

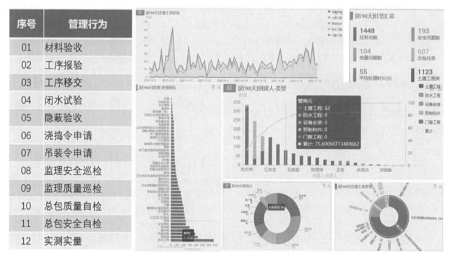

图 3.1-11　管理数据可视化

②质量安全管理流程再造

本项目应用智能移动端发起、处理、追踪和审核质量安全问题，通过扫描二维码将质量问题与 BIM 关联，自动生成质量安全整改单并支持根据实际进度自动发起各项质量验收工作，验收不合格自动发起质量问题，提高项目监督力度。本项目月均发起 200 条以上质量安全问题单据且问题 7d 内闭单率达 98%，有效降低安全风险，避免质量问题漏改忘改。

③实测实量数字化

自主研发实测实量系统替代传统纸质记录实测实量数据，可以自由在三维模型中选定测量位置，同时依托智能实测设备和实测实量机器人实现数据自动测量后上传，待将数据上传后，系统将自动判定并统计爆点数量和合格率，数据将会在平台中一直留存。智能实测设备反馈时间在 1s 内偏差在 1mm 内，实现即靠即测。实测实量机器人只需一个工作人员便可操作，通过高精度激光雷达扫描，迅速分析 3D 点云来获取墙壁、天花、地面、门窗洞口等测量指标的各种数据，实现数据上墙和实时报表输出并能够随时查看实测数据。单个房间实测时间为 15min，机器人仅需 3min 即可完成整个房间的点云扫描及测算工作，且测量垂直度、水平度、平整度精度在 ±1.5mm 内，极大提高了现场实测实量作业效率并降低了人工反复核验次数。对于采用第三方评估的项目可直接降低约 15 万元 / 项目（图 3.1-12、图 3.1-13）。

3）基于 BIM 技术的 PC 物联网管理

以设计阶段生成的 PC 构件唯一编码为基础，借助二维码技术及智能终端设备，针对预制构件的加工完成、构件出厂、构件进场、吊装完成等关键工序，实时快速采集进度信息，并通过模型直观展示，实现生产到施工端的高效信息协同（图 3.1-14）。

针对本项目使用的所有施工智能设备（智能钢筋、钢管点数、智能调垂装备、智能灌浆机、超声波混凝土无损检测），产生的数据都在平台内集成，通过扫描二维码识别构件 Guid 来将数据与 BIM 模型结合，实时查看。智能点数实现效率提高 50 倍；智能灌浆机相较于传统灌浆机效率提升 27% 以上，且灌浆质量得到有效提升；同等作业条件下，智能调垂用时 39s，相较传统工艺（5~10min），调垂时间明显缩短，有效提升了施工效率（图 3.1-15）。

此外，在本项目装饰装修阶段中，还对装配式墙板和集成式卫生间托盘赋予数字 ID，通过二维码来检测送货时间、材料状态以及数量（货物运输状态，安装完成状态）。通过二维码来实时检测施工进度，对关键料件进行二维码的扫码检测。

| 智能靠尺 | 智能测距仪 | 智能卷尺 | 智能阴阳角尺 | 实测实量机器人 |

图 3.1-12　智能实测设备及实测实量机器人应用

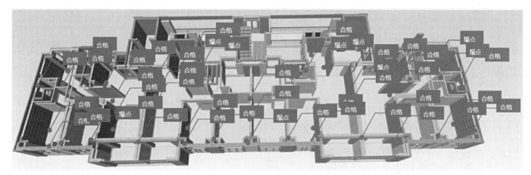

图 3.1-13　实测实量数据可视化

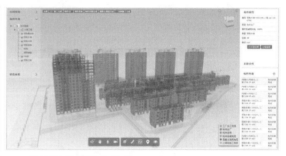

图 3.1-14　基于 BIM 的预制构件进度管理

| 智能点数 | 智能调垂 | 智能套筒灌浆 | 混凝土超声检测 |

图 3.1-15　智能设备

4）AI 智慧工地

本项目在施工现场布置十几种、近 200 个智能感知设备，同时自主研发智慧工地系统，包含智能门禁、车辆管理、塔式起重机健康（钢丝绳、塔式起重机防碰撞、吊钩可视化）、人货梯健康、AI 安全监控、扬尘监测、车辆清洗、能耗监测 8 个子系统。系统对现场实时采集到的多源数据进行处理、分析、预报警推送，辅助项目精益管理，进一步推进智慧工地建设。半年累计产生 42 万余条人员进出场记录，3000 余条车辆进出场记录，处理安全不规范行为 10000 余次，塔式起重机、人货梯等大型设备安全运行预报警 100 余次，监控现场办公用电、环境指数 300 余天。

（3）建筑机器人应用。

本项目采用一款可以在常规民用住宅内、完全非结构化环境下能够自主调整行走、具备一定的避障能力、自行完成抹灰作业的抹灰机器人。该机器人结合自主导航技术、视觉二次精准定位技术、物联网技术，基于 BIM 模型离线自动生成行走路线和作业程序等。该机器人根据 BIM 模型或者同等地图信息，自行进入指定房间，人工接好泵送料管后，机器人将沿着墙面自主完成抹灰作业（图 3.1-16）。

智能抹灰机器人施工效率 250~300m²/d，为人工抹灰效率的 5 倍。此外，机器人可 24h 全天候连续施工，通过"机器代人"有效减少现场人员的安全风险，提升施工质量、加快建设速度，降低成本。此外，机器人抹灰空鼓及开裂的概率仅为人工抹灰的十分之一（图 3.1-17）。人工抹灰与智能抹灰机器人效益对比见图 3.1-18。

此外，本项目试点应用了其他建筑机器人，如地坪打磨机器人可实现打磨面积 240m²/h，有效提升施工效率。

### 4. 结论及建议

本项目应用装配式数字化建造技术，围绕数字设计、智能生产、智能施工，在设计、生产、施工环节，应用数字化、集成化、智能化装配，集成 BIM、物联网、大数据、云计算、人工智能等技术，实现了"两提两减"的总目标。但仍有进一步提升的

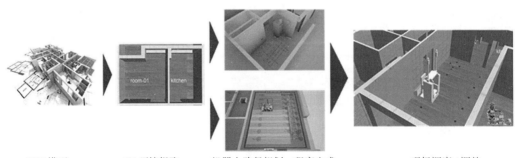

| BIM 模型 | 3D 环境提取 | 机器人路径规划、程序生成 | 现场调度 / 调整 |

**图 3.1-16　基于 BIM+3D 仿真环境的离线程序生成原理**

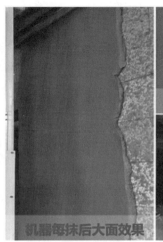

图 3.1-17　智能抹灰机器人抹灰效果

| 类型 | 施工效率 | 现场人工数（机器人以单台人工计） | 质量 | 成本 |
|---|---|---|---|---|
| 人工抹灰 | 180m²/d<br>（60m²/d/ 人） | 大工：3<br>小工：1 | — | 人工费：<br>大工 600 元 /d<br>小工 300 元 /d |
| 金地嘉定菊园项目<br>机器人抹灰 | 综合工效<br>220m²/d/ 台 | 大工：3<br>小工：1<br>操作员：1<br>材料员：0.5（可多台共用） | 垂平度、拉拔测试满足要求；无空鼓、无开裂 | 材料费持平；<br>机器施工人工费约人工抹灰的 53% |
| 预期机器人抹灰 | 综合工效<br>300m²/d/ 台 | 大工：1<br>操作员：1 | 垂平度、拉拔测试满足要求；无空鼓、无开裂 | 材料费减少 15%；<br>机器施工人工费约人工抹灰的 25% |

注：
· 抹灰基面均先进行挂网甩浆等前置处理；
· 人工抹灰需做灰饼冲筋、机器人抹灰需人工放线并放置激光线；
· 机器人于研发样机阶段，机械结构和关键零部件稳定性不足，综合工效低于正常工效，机器人稳定性和综合效率的提升，预期效果可达每台 300m²/d。

图 3.1-18　人工抹灰与智能抹灰机器人效益对比

空间，在平台方面，目前市场上有很多零散的平台，集成为一个智能平台才能进一步提效增质；在智能设备方面，还需进一步根据实际需求进行迭代升级从而实现市场化。在机器人方面，抹灰机器人仍需针对抹灰材料继续进行研究，逐步完成石膏砂浆抹灰机器人和高墙抹灰机器人（最高抹灰至 6m）的开发，全面覆盖室内抹灰工作。此外，应探索更多建筑专业机器人，如外墙喷涂机器人、智能铺排机器人等，进一步达到"机器代人"的愿景。建筑行业新的革命已经开始，一个新的时代正在到来，信息时代正在为建筑行业创造快速发展的平台。

**项目名称：**上海嘉定新城菊园社区 JDC1-0402 单元 05-02 地块

**项目报建名称：**上海嘉定新城菊园社区 JDC1-0402 单元 05-02 地块

**建设单位：**上海鑫地房地产开发有限公司

**设计单位：**上海原构设计咨询有限公司

**施工单位：**中天建设集团有限公司

**数字化咨询单位：**上海建工四建集团有限公司

**构件生产单位：**三一筑工科技股份有限公司

**开、竣工时间：**2020.9 至今

## 3.2　颛桥镇闵行新城 MHPO-1101 单元 03-05、04-02 地块商办项目

本项目采用全专业 BIM 正向一体化设计，提高了设计效率与设计质量，运用 BIM 模型进行三维施工动画模拟指导施工，提高施工效率，保证施工质量。VR 技术的应用避免了施工完成后的设计变更，省时、省力、省成本，大大提高了效率，有效地保证了设计最终的落地效果。预制双 T 板技术适用于本项目的规则柱网区域，能实现板下免模免撑施工。采用不出筋板构件和次梁构件有效地避免钢筋碰撞；采用较大尺寸构件减少了吊装次数，提高了效率。采用 HRB500 高强钢筋减少了梁柱核心区域钢筋数量，避免钢筋过密，保证核心区浇筑质量。

### 1. 工程概况

本项目位于上海市闵行区，地块总用地面积为 83587.6m²。项目总建筑面积 343484.74m²，其中地上总建筑面积为 201497.02m²，地下总建筑面积为 141987.72m²。本项目包含 3 栋楼，建筑主要功能为商业和办公。

1 号楼裙房为装配整体式框架结构，地上五层；塔楼为装配整体式框架现浇剪力墙结构，地上十层，一层层高为 7m，二~四层层高约为 5.4m，五~十层层高为 4.2m。采用预制构件类型为：框架柱、框架梁、次梁、叠合板、楼梯、预制双 T 板等。单体预制率大于 40%。本项目 1 号楼塔楼采用 BIM 正向一体化设计，并荣获上海市首届 BIM 技术应用创新大赛最佳设计应用奖（图 3.2-1）。

图 3.2-1　项目实景图

### 2. 装配式建筑设计

以 1 号楼为例，标准层建筑平面图、建筑立面图和建筑剖面图分别如图 3.2-2~
图 3.2-4 所示。

本项目 1 号楼标准层预制双 T 板、预制叠合板和预制柱平面图如图 3.2-5 所示，
其中，核心筒外的框架柱均为预制柱。标准层预制梁平面图如图 3.2-6 所示。

### 3. 两提两减技术措施及成效

本项目实施过程中，采用了 BIM 正向设计和 VR 技术、预制双 T 板、不出筋构件、
较大尺寸构件、高强钢筋等技术措施，并产生了相应成效。

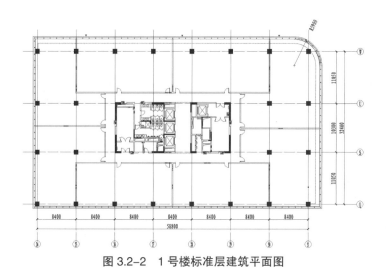

图 3.2-2 1 号楼标准层建筑平面图

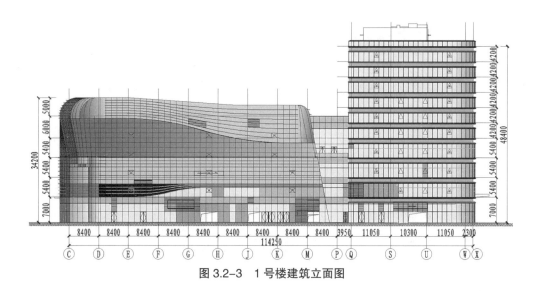

图 3.2-3 1 号楼建筑立面图

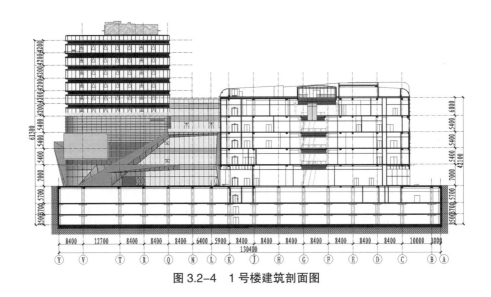

图 3.2-4　1号楼建筑剖面图

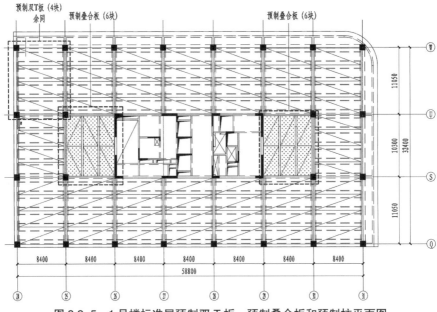

图 3.2-5　1号楼标准层预制双 T 板、预制叠合板和预制柱平面图

（1）全过程多专业协同设计、施工图与装配式的全专业正向 BIM 一体化设计、VR 技术的应用

本项目中全专业施工图设计、装配式专项设计、BIM 正向设计、VR 应用均由一家设计单位完成。在项目介入之初，就摒弃了从现浇土建设计到构件拆分设计以实现装配式建筑的传统思路，发挥公司设计内部协同设计优势，将标准化、组合式的设计贯穿到整个设计全过程。

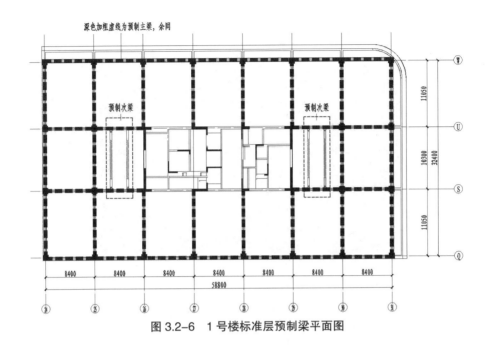

深色加粗虚线为预制主梁，余同

预制次梁　　　　　预制次梁

11050　　10300　32400　11050

8400　8400　8400　8400　8400　8400　8400
58800

图 3.2-6　1 号楼标准层预制梁平面图

在 BIM 技术的应用方面，1 号楼办公从总体设计阶段开始，全专业包括 PC 设计均采用了 BIM 正向设计模式（图 3.2-7），而非传统的 CAD 设计 +BIM 翻模进行碰撞检查的模式。采用 BIM 正向设计，最关键的是正向设计采用先建模再由模型生成图纸的模式从根本上保证了图纸和模型完全一致（图 3.2-8、图 3.2-9），保证了信息源的唯一性，这是传统二维设计加 BIM 翻模解决不了的问题。由于图模一致，设计院提供的模型可以为后端的造价、施工以及运维阶段所用。建筑、结构、机电以及 PC 都共同在一个基于 Revit 的三维作业平台下工作，提升了设计的精确性（图 3.2-10）。各设计师直接采用三维设计工具进行设计，比 CAD 进行二维设计更直观，建筑师可以迅速看到模型的效果并与方案进行比对。对于装配式项目，PC 设计也采用 BIM 正向设计，在设计过程中就可以进行碰撞检查，可以准确地设计构件深化图，避免返工和错误的发生。PC 构件模型采用参数化建模，设计效率高，材料统计精确便捷。通过指定 PC 构件的安装顺序与路径，可以轻松地在三维软件里进行施工模拟，特别对于复杂的节点安装细节可以进行三维交底，指导施工。

正向 BIM 设计与传统设计相比，没有额外增加设计周期，反而减少了因错漏碰缺引起的设计变更时间，综合效率得到提高。而正向 BIM 设计需要一定的前置条件：

①设计条件维度：由于是三维信息化集成设计，各协作单位相互提供设计资料的时间需要相对前置，如精装点位、幕墙预留预埋、总包施工方案确定、构件厂及生产

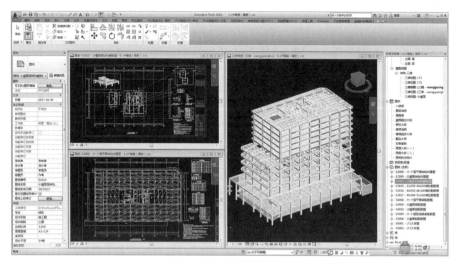

图 3.2-7　建筑信息模型

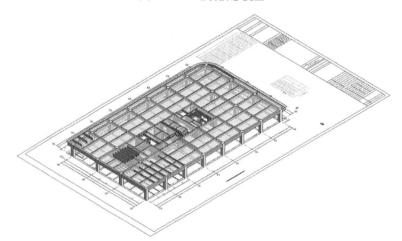

图 3.2-8　图模一致

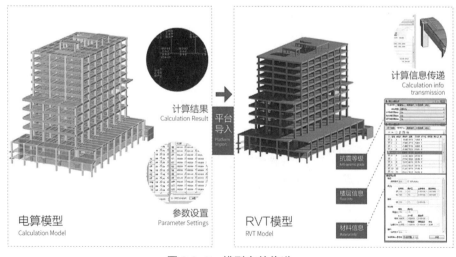

图 3.2-9　模型有效传递

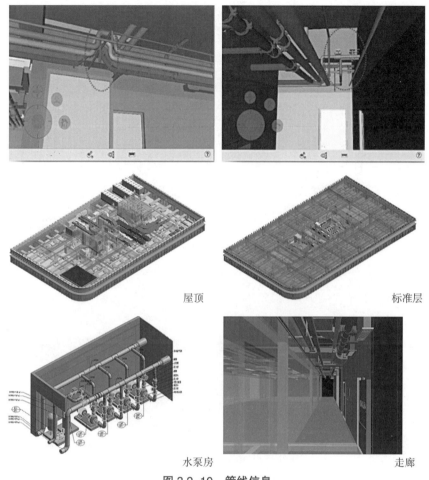

屋顶　　　　　　　　　　　　　　　　标准层

水泵房　　　　　　　　　　　　　　　走廊

图 3.2-10　管线信息

工艺提前确定等。

②BIM 工具维度：a. 企业须有先进的三维协作管理平台，具备设计、制图、出图完整控制流程，高效的 BIM 软件运行环境（电脑配置要求）；b. 宜有企业标准的样板文件；c. 具备企业标准的参数化族库。

③具备 BIM 专项能力高素质人才团队。

在 VR 场景里（图 3.2-11），可建立起全过程多专业管理平台，支持建筑、景观、幕墙、室内、照明等多专业各环节的协同推进，在 VR 场景中可以实现对多专业设计交接的审视。VR 支持多版本图纸的不断迭代，同步更新。在 VR 场景里，设计验证随设计周期同步推进。通过对该项目 VR 场景的制作，不仅 1∶1 还原了整个场景，还在预建造的过程中，发现并解决了图纸上的问题，有效避免了装配构件的对应问题，减少了后期的变更。

（2）预制双 T 板的应用

预制双 T 板作为成品标准构件，大批量地使用可以摊销模具成本，减少构件类型，降低管理和施工成本。预制双 T 板本身不出筋，预应力在工厂采用先张法完成，工序简单可靠，安装过程中可以实现免支撑、免支架，避免高支模作业，极大地提高了现场安装效率，实现"设计标准化、部品工厂化、施工装配化"的工业化建造方式。

（3）不出筋构件、较大尺寸构件的应用

不出筋预制构件在生产、运输和安装时均有很大的优势，本工程中大量采用带牛担板的次梁、四边不出筋的钢筋桁架叠合板（预制底板 60mm+ 叠合层 80mm）、预制双 T 板，通过可靠的节点设计保证结构安全。工程中较大尺寸构件——8m 长四边不出筋预制叠合板、16m 长预制双 T 板（图 3.2-12、图 3.2-13）的应用，有利于充分发挥塔式起重机吊装能力，减少构件数量，节省台班费和人工，提高安装效率，充分发挥装配式的优势。

图 3.2-11　主入口场景还原

图 3.2-12　四边不出筋预制叠合板

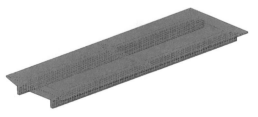

图 3.2-13　预制双 T 板

（4）高强钢筋的应用

本工程中所有梁、柱纵筋均采用了 HRB500 级钢筋，预制双 T 板采用了 CRB550 钢筋和预应力钢绞线。高强钢筋的应用符合节材环保、绿色建筑的趋势，有效地减少了构件尺寸和钢筋用量，简化节点钢筋数量，保证连接节点浇筑质量可靠。

**4. 结论及建议**

（1）从施工图设计到预制构件深化设计，全专业采用 BIM 正向一体化设计提高了设计效率与设计质量。可保证图模一致的模型向造价、施工和运维阶段传递，避免了重复建模造成的浪费。通过 BIM 模型直接算量，精确高效。运用 BIM 模型进行三维施工动画模拟来指导施工，提高施工效率，保证施工质量。

（2）VR 技术的应用，使图纸上的建筑在建成之前就实现了某种意义上的"呈现"。视觉上 1∶1 设计样品的提供，以更直观更形象的方式，让设计者和决策者对于设计原型可以更轻松地在理解上达成一致。除此之外，VR 场景中设计方案的呈现，支持各专业设计成果整合到同一场景中，很多过去图纸上隐藏的错误在方案阶段就被提前"预判"，避免了施工完成后的设计变更，省时、省力、省成本，大大提高了效率，有效地保证了设计最终的落地效果。

（3）预制双 T 板技术适用于本项目的规则柱网区域，能实现板下免模免撑施工。

（4）本工程中采用的不出筋板构件和次梁构件有效地避免了钢筋碰撞；采用较大尺寸构件减少了吊装次数，提高了效率。采用 HRB500 高强钢筋减少了梁柱核心区域钢筋数量，避免了钢筋过密，保证核心区浇筑质量。

采用较大尺寸的构件对建筑工业化的发展带来诸多优点，但也要考虑构件在运输、堆放过程中的成品保护措施，避免构件产生裂缝，同时，配套的大型设备也是未来工业化发展的方向。

**项目名称：** 颛桥镇闵行新城 MHPO-1101 单元 03-05、04-02 地块商办项目

**项目报建名称：** 颛桥镇闵行新城 MHPO-1101 单元 03-05、04-02 地块商办项目

**建设单位：** 上海合砚房地产有限公司

**设计单位：** 上海天华建筑设计有限公司

**装配式技术支撑单位：** 上海天华建筑设计有限公司

**施工单位：** 中国建筑第八工程局有限公司上海分公司

**构件生产单位：** 上海福铁龙住宅工业发展有限公司

**开、竣工时间：** 2017.5~2019.12

## 3.3 宝业·活力天地项目

宝业·活力天地项目为新一代城市居住综合体，集成工业化、绿色与智慧等多项四新技术。本项目主体结构采用装配整体式夹芯保温叠合剪力墙结构体系，结合工业化建筑全生命周期智能建造技术的应用，实现数据在设计、生产、施工、运维全生命周期的有效传递，提升工程项目在进度、质量、安全等各方面的效益，在创新融合管理的模式下提高施工效率、缩短工期、节约资源与人工、提高工程进度与品质。

### 1. 工程概况

宝业·活力天地项目位于上海市青浦区，总用地面积 38648.6m²，总建筑面积约 94672.36m²，由 7 栋住宅单体、1 栋酒店及 2 栋商业建筑组成，各单体预制率达 45% 以上。同时，基于新型结构体系，应用智能建造技术的数据传递系统，将数据与信息化管理平台无缝结合，从数字化设计、自动化生产、智慧化施工、一体化管理四方面，实现工业化建筑的全生命周期智能建造技术（图 3.3-1）。

### 2. 装配式建筑设计

本项目住宅单体均采用装配整体式夹芯保温叠合剪力墙结构体系，竖向预制构件有夹芯保温叠合墙板、普通双面叠合墙板与全预制夹芯保温飘窗；水平预制构件有密拼叠合楼板、叠合梁、预制叠合阳台、预制楼梯与全预制空调板。建筑整体性能得到提升，连接节点标准化与工装化大量减少现场模板使用，构造与工艺优化实现外墙免抹灰和高效施工（图 3.3-2~ 图 3.3-4）。

### 3. 两提两减技术措施及成效

（1）智能建造技术

本项目基于智能建造和新型建筑工业化协同发展的出发点，依托双面叠合剪力墙结构体系设计 – 生产 – 施工的信息化与数字化特点，结合既往项目应用经验基础，项

图 3.3-1　项目效果图

图 3.3-2　标准层建筑平面布置示意图

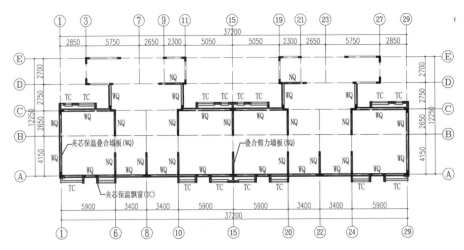

图 3.3-3　标准层竖向预制构件平面布置与拆分示意图

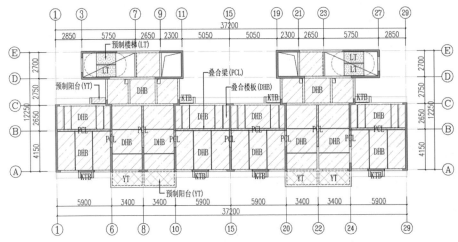

图 3.3-4　标准层水平预制构件平面布置与拆分示意图

目从数字化设计、自动化生产、智慧化施工等方面，深入研究并实践智能建造的交互协同管理与技术工艺优化提升，实现了工程数据的高效创建、传递和应用，最终达到工程项目在进度、质量、安全等各方位的管理效果和效益提升。

1）数字化设计

建筑工业化快速发展的时代，设计成果质量直接影响着预制构件生产质量，同时间接影响着工程质量和施工进度。项目在方案设计阶段充分利用 BIM 技术，辅助完成场地分析、建筑性能模拟分析、设计方案比选、专业模型构件、建筑结构检查、面积明细表统计等各项工作（图 3.3-5）。

在施工图设计阶段应用建筑信息模型（BIM）进行各专业模型构建、冲突检测、虚拟仿真漫游、辅助施工图设计等。利用 Revit 软件完成建筑、结构、机电建模（含机电点位、预留洞、预制构件）与室内精装建模（表现整体外观及饰面分割），并通过软件对管线综合碰撞检测与管线综合设计及净空优化。最终通过 EveryBIM 信息管理平台实现虚拟仿真漫游（图 3.3-6、图 3.3-7）。

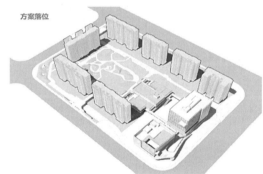

图 3.3-5　方案设计阶段数字化软件应用

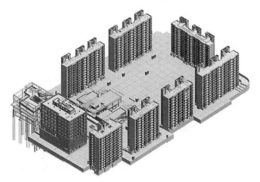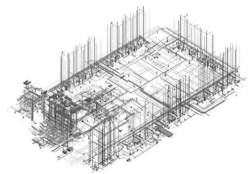

图 3.3-6　Revit 软件建模成果

在预制构件深化设计阶段应用三维设计软件（Planbar）进行搭建深化设计模型，同时完成深化设计，并展开连接节点设计与钢筋碰撞检查，利用三维模型导出预制构件生产二维图纸、材料加工清单及自动化生产线驱动数据包（图3.3-8）。

2）自动化生产

构件生产阶段，预制构件生产工厂采用信息管理平台对构件生产的各道工序进行管控。无缝对接并加载深化阶段设计成果数据，通过数字化生产流水线，实现部品部件的精细化加工、预制构件的自动化生产、养护以及堆场布置，提升生产效率、优化管理资源配置的同时减少了原材料的损耗（图3.3-9）。

3）智慧化施工

施工阶段，充分利用三维模型进行施工场地的平面布置优化和比选，通过导入Project进度计划实现项目总体进度模拟。针对夹芯保温叠合剪力墙结构体系施工工序及复杂节点建模与模拟，采用三维动画的方式进行施工交底（图3.3-10）。

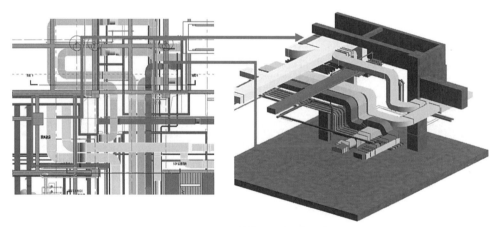

图3.3-7 碰撞检测及场地漫游

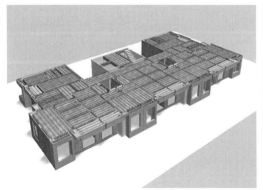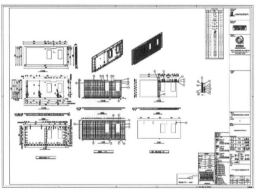

图3.3-8 深化设计模型及构件加工图纸

在工程管理方面，本项目运用了基于 BIM 模型为载体的智慧工地管理平台，平台各项功能围绕工程的质量、安全、进度、文控等项目管理要素进行配置，除了配备常规的摄像监控系统、线上质量安全整改单及报表、场地出入口人脸识别闸机、人员定位系统、环境监测系统、塔式起重机状态监测系统外，针对建筑工业化项目的特点，研发应用了预制构件管理模块，实现了预制构件生产信息与智慧工地平台中 BIM 模型的数据联动，施工管理人员通过智慧工地平台即可了解预制构件的生产、物流情况，

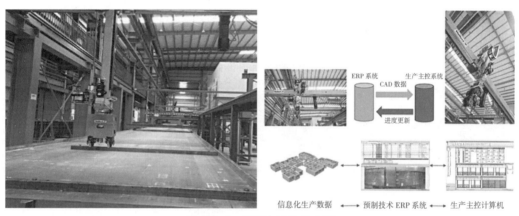

图 3.3-9　工厂自动化生产线

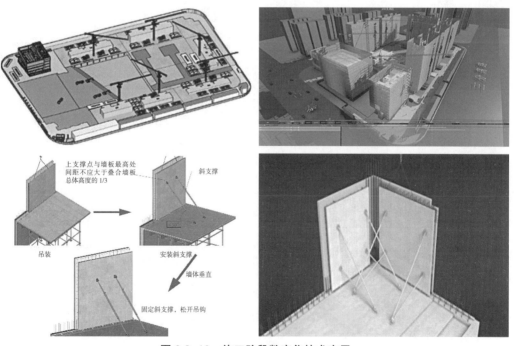

图 3.3-10　施工阶段数字化技术应用

可结合工程实际情况做出决策和反馈，实现生产运输信息与施工信息的双向传递。通过导入每日工程进度信息后，平台中BIM模型即实现与项目实体的"数字孪生"，实时动态展现并汇总项目进度和质量、安全管理信息等要素（图3.3-11）。

（2）装配整体式夹芯保温叠合剪力墙结构体系

装配整体式夹芯保温叠合剪力墙结构体系是基于普通双面叠合剪力墙结构体系经产品研发与迭代升级的一种新型建筑工业化结构体系，该体系中常规预制构件类型为夹芯保温叠合墙板、双面叠合墙板与叠合楼板。本项目应用的夹芯保温叠合墙板由外叶板、保温板、现浇段空腔与内叶板组成，内、外叶板之间可通过不锈钢桁架钢筋或FRP保温连接件相连接，如图3.3-12所示。

夹芯保温叠合墙板自动化生产线适用于各种尺寸预制叠合墙板的生产，在预制构件拆分过程中，暗柱、构造柱等现浇连接节点采用模数化、标准化设计，不仅满足生产制作适宜性及施工安装的便捷性要求，同时提高了现浇部位模板的重复使用率。具体标准化水平连接节点如图3.3-13所示。

夹芯保温叠合剪力墙板通过实现结构保温一体化，提升了预制构件的多功能性

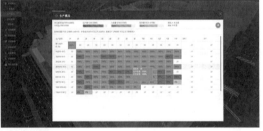

图 3.3-11　智慧工地管理平台与预制构件管理模块

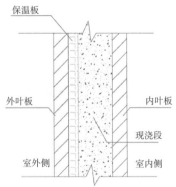

图 3.3-12　夹芯保温叠合墙板示意图

特点。基于双面叠合剪力墙预制构件的自动化流水线生产特点，有效保证了预制构件的尺寸精度高与质量稳定性高的特性，同时延续了叠合墙板自重轻、施工安装便捷等优势。

通过施工工艺的优化与改进，实现了外墙免抹灰的成效。相比传统外墙内外保温的构造做法，大量节省了内外饰面工程的施工措施与施工周期。通过本项目的应用实践，在生产和施工阶段都实现了工作效率提升、劳动力节省、材料资源损耗等。不仅提升了整体工程施工进度，并提高了工程的施工品质，同时一定程度降低了资源损耗，从而充分体现了建筑工业化、集成化的优势。

（3）一体化融合管理模式

本项目为全产业链高度集成与贯通的项目开发模式，发挥地产开发、工程总承包、工业化生产制造与建筑产品研发的多业态的产业链集成，组成了一体化的内部项目开发管理团队。同时本项目通过由建设单位牵头融合外部优势资源集全过程咨询、技术咨询服务与设计单位于一体，整体组合建立一体化融合管理项目部。与传统项目管理模式不同，所有参建团队人员在一个组织下协同工作，均以打造高品质项目为总体管理目标。由于管理目标相同且相通，从而使资源利益最大化，更好地通过项目体现装配式建筑与建筑工业化系统性的优势与特点（图3.3-14）。

（4）成效

应用智能建造技术、夹芯保温叠合剪力墙体系与一体化融合管理，充分展现了管理效益与项目高品质，与传统现浇混凝土建筑相比，基于双面叠合剪力墙结构体系产品"可视化设计＋自动化生产＋精益化管理"全流程联动控制数字化管理应用，不仅建筑产品的质量方面有了显著提高，也缩短了项目生产施工周期。此外，应用一体化融合管理模式，双面叠合剪力墙结构体系与传统现浇建筑施工工艺相比，造价基本持平，并

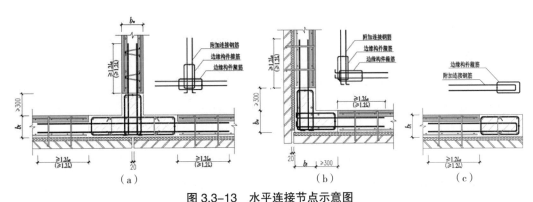

图 3.3-13　水平连接节点示意图
（a）T形节点；（b）L形节点；（c）一字形节点

**地产事业部**
基于原项目管理团队成员打造
宝业·活力天地融合管理项目部

**研究院（区域公司技术中心）**
研发再也不是纸上谈兵
应用提高研发产品落地性，研示范提升
项目高品质与高质量实现

**总承包事业部**
建设单位与施工单位扁平融合
以共同目标为管理对象提高工作效率

**上海建科院**
股份持有不仅只是商业利益
更体现技术服务与管理服务的全面支持

**制造事业部**
构件工厂不再是一个生产单位
不仅按计划与需求提供货品，同时提供全面的
技术服务，形成"都市制造业"

**各设计单位**
专业的人做专业的事
通过融合管理，提供专业性的意见与建议
帮助宝业·活力天地打造成为企业标杆

图 3.3-14　一体化融合管理模式示意图

且在施工提效、提高质量、减少人工、节能减排等方面都有很大的提升或促进，具体如下：

1）提高数据处理效率

本项目使用预制构件共计约 7800m³，应用智能建造技术，为预制构件的生产减少了近 50% 的数据录入时间，实现了 95% 以上的数据完整性。同时利用数字化与计算机的强大运算处理能力，减少了 80% 的生产数据统计时间，降低了 50% 左右因人工作业而产生的时间损失。

2）缩短生产周期

运用传统模台流水线进行墙板与楼板类型预制构件生产，通常单条流水线日均生产能力约为 30m³/d。

按照本项目预制构件的方量统计，合计生产周期约需 260 日历天，通过自动化生产流水线的 MES 系统，充分发挥了自动化流水线的高效生产能力，缩短了约 30% 的生产周期，将总体生产周期减少约 80 日历天，从而切实保证了项目高质高效交付。

3）提高生产质量

通过工艺优化与固化标准作业工作流程，在提升预制构件生产效能的同时，大幅提高了预制构件生产的成品质量，降低约 15% 产品缺陷率。为本项目同比直接减少约 200m³ 的预制构件再制品。

4）施工提质提效

应用一体化融合管理模式，充分贯彻系统性的建筑工业化管理要求，通过前置专项设计与深化设计工作，将机电专业与装饰装修的预留预埋任务与结构预制构件进行了高度统一。通过工艺与工序梳理及优化，有效提高了本项目工序作业的一次性优良率，《装配整体式夹芯保温叠合剪力墙结构安装施工工法》已获得 2022 年上海市市级工法评定。

通过上述措施，大大提高了现场施工速度，不仅前置了后续专业工程的施工准备工作，而且通过主体结构的较高优良率实现了外墙免抹灰成效，从而节省整体工期达31%，直接为本项目节省工期约 100 日历天。3 层及以上保温结构一体化的外围护墙体高品质主体结构成品，节省抹灰与外保温板铺贴工序，减少人工投入与外架租赁时间，直接节约成本约 150 万元人民币。

5）减少人工

与传统现浇混凝土建筑施工相比，采用建筑工业化与装配式建筑的建造方式，通过工厂的自动化机械流水线生产，与现场的工具化与机械高效化安装，不仅提高了20% 的施工人员工作效率，也大大减少了生产阶段与施工阶段的人工使用，整体节省人工约 40%。

6）节能减排

与传统现浇混凝土建筑施工相比，双面叠合墙板预制构件内外叶板间的现浇空腔与叠合楼板的叠合层确保了混凝土浇筑后结构的整体性，同时间接代替现场模板的作用，相比节省木材用量约 70%。此外，标准化的现浇连接节点封模措施大幅提高了封模加固措施的周转率，并采用工具化的支撑体系实现重复利用，间接减少了 65% 建筑垃圾，极大地体现了节能减排效果。

### 4. 结论及建议

通过本项目的实践可以看出，应用智能建造技术、夹芯保温叠合剪力墙体系与一体化融合管理，已充分展现了"技术＋管理"在本项目系统性体系产品上的高品质与效益优势。通过智能建造技术的应用对于构件生产工厂，不仅提高了信息化程度，同时提升了全流程管理水平，提高了产品质量，缩短了生产周期，降低了生产成本。从数据与管理系统的源头解决了数据传递不流畅、数据转化损失率高的问题，真正实现智能建造的全生命周期应用。对施工现场，应用一体化融合管理模式的智慧化施工解决了参建单位管理目标不统一、系统性集成不高等问题。使项目施工井然有序，整洁高效，并实现了全流程的管理痕迹与质量控制可追溯，为装配式建筑整体实现信息化提供案例支持。此外项目采用创新的多功能一体化外围护结构体系并成功落地，也是建筑业可持续高质量发展的发展趋势，本项目于 2021 年 4 月成功举办上海市装配式示范项目观摩会与长三角区域新型建筑工业化协同发展联盟现场观摩活动。

**项目名称：**宝业·活力天地

**项目报建名称：**青浦区盈浦街道观云路南侧 23-01 地块项目

**建设单位：**上海宝拓房地产开发有限公司

**设计单位：**上海水石建筑规划设计股份有限公司

**装配式技术服务单位：**上海紫宝住宅工业有限公司

**施工单位：**上海紫宝建设工程有限公司

**构件生产单位：**上海宝岳住宅工业有限公司

**开、竣工时间：**2020.4 至今

# 附录 A
## "两提两减"实施效果调研及措施建议

## A.1 调研背景

上海市装配式建筑经过几年来的发展，建造了大量的装配式建筑项目，同时设计院、构件生产单位和施工企业在建造过程中积累了丰富的经验，但装配式建筑项目所带来的"两提两减"（即：提高质量、提高效率、减少人工、节能减排）实际效果尚缺乏相关研究。

为全面了解上海市装配式建筑"两提两减"的实施情况，进一步发挥优秀装配式建筑案例的示范引领作用，促进上海市装配式建筑高质量发展，上海市住房和城乡建设管理委员会决定开展上海市装配式建筑"两提两减"实施效果调研。经过上海市住房和城乡建设管理委员会的案例征集、相关专家及受委托单位上海中森建筑与工程设计顾问有限公司和上海天华建筑设计有限公司对申报项目的调研、筛选，形成了上海市装配式建筑"两提两减"实施效果调研报告。

本附录后续内容对上述调研案例的部分相关成果进行了展示，并给出了提高装配式建筑"两提两减"成效的建议，可供设计、生产、施工等单位相关人员参考，为促进建筑业转型升级提供助力，为推动建筑数字化建造和智能建造的发展发挥积极作用。

## A.2 "提高效率"实施效果调研及措施建议

### A.2.1 "提高效率"实施效果调研

#### 1. 施工工期

（1）居住建筑施工工期

居住建筑项目施工工期，由于不同项目总建筑面积不同，所以总工期也不相同。所调研的居住建筑项目预制率均满足政策要求，主要保温形式采用内保温或夹芯保温。除苏州姑苏裕沁庭项目外，其他项目主要的预制构件类型为：预制剪力墙、预制叠合板、预制阳台、预制空调板、预制楼梯。苏州姑苏裕沁庭项目为钢结构，主要的预制构件类型为：预制墙、柱、梁、楼梯、外挂板、非砌筑内隔墙，且同时采用装配式装修：全装修，墙面干法饰面，集成厨房，集成卫生间，装配式楼地面，管线分离等。

几个典型居住建筑项目不同楼层施工工期如图 A.2-1 所示。底部加强区一般为现浇，不受预制构件类型和技术体系的影响。各项目完成底部加强区一层的施工工期相差不大，用时最多的项目为 10d，用时最少的项目为 7d，平均用时为 8.2d（图 A.2-1）。

首个预制层施工用时最长的为 15d，施工用时最短的为 10d，平均 13d。

居住建筑标准层施工工期基本相差不大，平均 8d 完成一层。

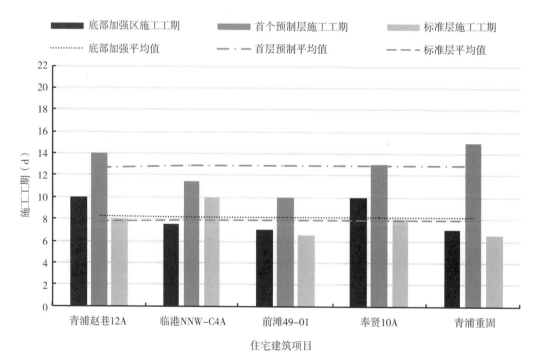

图 A.2-1 居住建筑不同楼层施工工期

（2）公共建筑施工工期

公共建筑项目预制率满足政策要求，主要为框架结构、框架 – 剪力墙结构，主要的预制构件类型：预制梁、预制柱、预制楼梯、叠合板、双 T 板等。西郊宾馆项目为木结构，主要的预制构件有预制墙、柱、梁、楼梯、外挂板，装配式装修方面采用非砌筑内隔墙、装配式楼地面、管线分离等。

公共建筑不同楼层施工工期如图 A.2-2 所示。底部加强区施工工期差异较大，最长时间为 30d，最短时间为 7d，平均 15.9d。主要由于不同类型建筑，结构特点差异，导致施工工期不同。

首个预制层施工工期差异较大，最多 30d 一层，最少的 10d 一层，平均用时 20d。上海西郊宾馆宴会厅为木结构，连接节点复杂，单次吊装构件少，施工工期最长一层为 30d。

标准层施工工期差异较大，最多 30d 一层，最少 7d 一层，平均 15d 一层。杨浦 96 项目标准层施工用时最少为 7d 一层。该项目的建筑方案阶段就综合考虑了构件的生产加工、运输、吊装及现场安装施工的技术合理性。采用了全过程的 BIM 辅助设计，对项目中的主要构件进行节点碰撞检查和模拟施工，对复杂连接节点进行重点优化处理，降低了预制构件的安装难度。外脚手架采用组装式防护架，该技术措施具有安全性高、快速施工、立面整洁等优点。

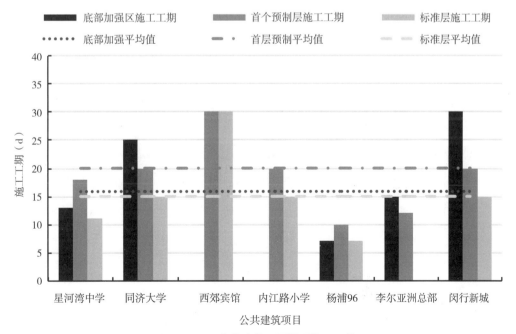

图 A.2-2 公共建筑不同楼层施工工期

### 2. 影响施工工期的因素

根据调研数据，影响施工工期的主要因素为连接节点复杂、现浇与预制交叉作业、操作空间狭窄、现浇段支模困难等，详见图 A.2-3。

考虑到现阶段我国装配式建筑大多采用的是装配整体式混凝土结构体系，该体系是根据"等同现浇"理念，将预制混凝土构件与现场后浇混凝土、水泥基灌浆料通过可靠的方式进行连

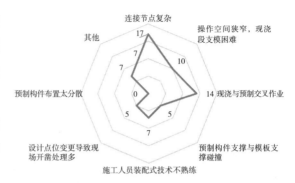

图 A.2-3　影响施工工期主要因素

（注：图中数字表示项目数量）

接并形成整体结构。基于"等同现浇"理念采取的后浇段、叠合层、灌浆连接等做法，带来的连接节点复杂、现浇与预制交叉作业不可避免，进而影响了施工效率和工期。

目前，我们应积极鼓励、推广干式连接方案，选择相对简单的连接节点做法，便于现场施工，进而提高施工效率、节省工期。

### 3. 预制构件安装效率

根据调研数据进行分析，影响预制构件安装效率的主要因素有构件到场顺序与安装顺序不匹配、钢筋碰撞、单次起吊构件数量较少等，详见图 A.2-4。

总包单位需统筹协调预制构件厂，提前进行吊装顺序排布，与构件厂做到无缝对接，安排好构件的发货顺序，确保构件到场即为所需。

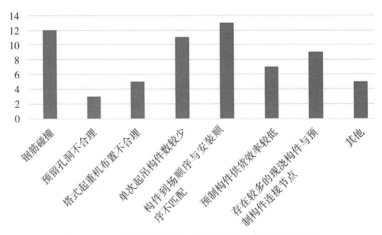

图 A.2-4　预影响制构件安装效率影响的主要因素

（注：图中数字表示项目数量）

预制构件安装过程中，钢筋碰撞是个大问题，如叠合板钢筋未考虑避让，预制墙板未考虑梁底钢筋碰撞，这些都严重影响了现场吊装的效率。针对预制构件安装过程中钢筋碰撞问题，需设计单位加强自身管理，强化项目的校审，确保设计过程中钢筋不碰撞，并适当考虑预制构件的制作误差。

单次起吊数量较少，这是影响项目工期的因素之一，但考虑目前装配式项目预制构件一般重量较大，常规塔式起重机难以满足多个构件的吊装，故未考虑多个构件整体吊装。如某些项目构件特别轻便，如模壳构件、PCF 构件等，可采用多个构件整体吊装，再分别安装就位（图 A.2-5）。

### 4. 现浇段施工

根据调研数据，现场现浇段钢筋绑扎和封模效率低下的原因，主要集中在钢筋碰撞和无操作空间（图 A.2-6）。

住宅项目"无操作空间""钢筋碰撞"问题尤为突出（图 A.2-7）；公共建筑次之，主要原因集中在梁柱节点现浇，该部位钢筋汇集，现场需安装核心区箍筋、附加抗剪钢筋、受扭钢筋等；工业建筑相对较少（图 A.2-7）。

装配式结构施工图设计需考虑构件的安装、现场后浇段钢筋绑扎及封模，有条件可采用 BIM 进行模拟，以便提高现场的施工效率；凸窗的预制种类很多，需结合建筑结构图纸，并综合考虑构件生产及现场施工的便捷性；楼梯间半平台位置外墙尽量不考虑预制，如需预制，需提前考虑临时支撑方案的可行性，预制外墙的水平缝首选在

图 A.2-5 轻便构件可实现整体吊装

楼面标高，不宜从半平台标高跨层布置。

### 5. 工具化平台

调研项目中，实现工具化平台或外架轻量化的项目不多，主要集中在轻量化的工具式外挂架、简易操作平台、简易防护架。住宅项目主要采用工具式外挂架（图 A.2-8），搭配简易操作平台；公共建筑采用简易防护架。

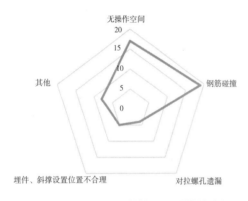

图 A.2-6　现浇段钢筋绑扎和封模效率低
（注：图中数字表示项目数量）

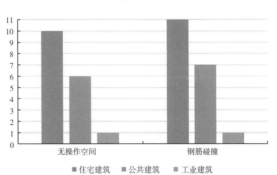

图 A.2-7　不同类型建筑现场现浇段钢筋绑扎和封模效率比较
（注：图中数字表示项目数量）

图 A.2-8　工具式外挂架现场施工

如杨浦区平凉路街道 96 街坊办公楼项目 4 号楼，采用简易防护架（图 A.2-9），外观简洁，施工方便，整个项目施工效率较高。

### 6. 模板、支架、外架形式

根据调研数据，对调研项目采用的模板、支架、外架的应用情况进行统计分析（图 A.2-10）。模板类型中，木模是采用最多的模板体系，主要原因是木模符合施工习惯，工人易上手，且价格便宜；铝模受楼层数限制，应用比例较低。

万科中房翡翠滨江二期项目，塔楼地上 23 层，采用铝模成型技术，PC 结合铝模，支撑简洁，拆卸方便，现场安全、整洁。通过合理安排现场工序，提高工作效率。PC 结合铝模工艺，首栋楼首层 7d，二层 6.5d，三层 6d，后续标准层均实现了 6d/ 层。

支架类型中，主要集中在钢管扣件落地架（含盘扣承插式）、独立钢支撑和一免撑少撑的方式（图 A.2-11）。免撑、少撑的项目，基本是采用预制预应力构件，如预应

图 A.2-9　简易防护架现场施工

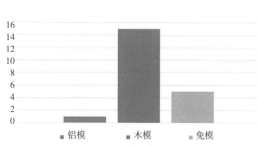

图 A.2-10　不同类型模板使用对比

（注：图中数字表示项目数量）

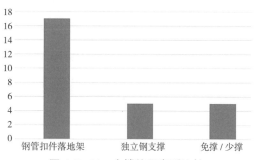

图 A.2-11　支撑使用类型比较

（注：图中数字表示项目数量）

力双 T 板、大跨度预应力空心板等类型构件。

对支架进行优化的项目较少，主要有 3 个原因，按常规的支架方式及间距，相对安全；盘扣是标准步距，较难优化；部分项目属于高支模，难以优化。

外架类型中，主要集中在盘扣落地架（楼层高搭配悬挑）、钢管落地架（搭配悬挑）和工具式外挂架的方式，新型悬挑架、简易平台/防护架、爬架等应用相对较少（图 A.2-12）。采用盘扣落地架（搭配悬挑）的一般是大型施工总承包单位，其在外架的研究方面有一定的经验积累，部件标准化程度高，方便集采，故应用较多。爬架的运用，对建筑楼层的高度有一定的要求，若爬架运用得当，可结合地面总体穿插，节约整个项目工期。

万科中房翡翠滨江二期项目，采用标准铝模现浇成型技术与悬挑式爬架及穿插施工技术（图 A.2-13），确保了 6d 1 层的进度，大幅提高工业化建造效率；由于土建、室内装修、室外园林景观实现了立体穿插，同步流水作业，总工期较传统现浇高层住宅项目缩短了约 3 个月。

### 7. 外围护一体化集成

根据调研数据，实现窗框、保温、饰面和围护一体化集成（不少于三项）的项目数量较多，其中大多为住宅项目。公共建筑外围采用幕墙的项目较多，而采用单元式幕墙的项目较少（图 A.2-14）。

从一体化集成项目总体分析，因采用集成技术该部分工作在工厂一次完成，现场一次吊装成型，减少了现场施工工序，缩短了工期，节约了现场人工，提高了施工效率。

万科张江翡翠公园项目，预制外墙采用面砖反打饰面（图 A.2-15），铝合金窗框

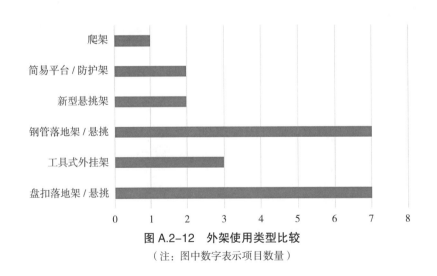

**图 A.2-12 外架使用类型比较**

（注：图中数字表示项目数量）

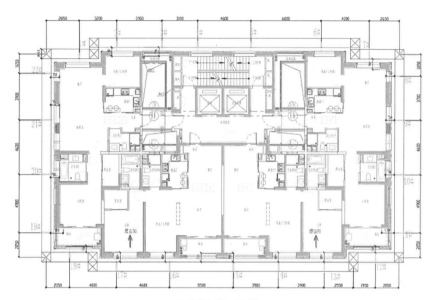

8 号楼爬架平面布置

**图 A.2-13　爬架平面布置及现场施工图**

直接预埋于预制构件内，预制外墙板实现围护、窗框和饰面一体化集成，有效降低了外窗渗水隐患。项目采用预制墙板带水平、竖向企口，外侧打胶处理，做到构造防水和材料防水相结合，有利于建筑外墙防水。调研结果显示，竣工三年后外墙未出现渗漏水情况（图 A.2-15）。

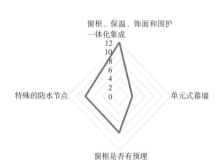

**图 A.2-14　外围护集成**
（注：图中数字表示项目数量）

图 A.2-15　反打面砖、窗框集成外墙

## A.2.2　"提高效率"措施建议

（1）鼓励外围护系统集成设计，采用集成保温、窗框、饰面等技术。简化连接节点，优化节点设计，预留操作空间，降低施工难度。

（2）优化支撑和模板体系，鼓励采用免拆模板或高效模板，推广使用预应力免撑技术（如双 T 板、SP 板等）。

（3）精细化施工管理，采用不同工序穿插的施工组织方案，制定不同工种交叉作业流程。

（4）积极推进高效施工技术的研发应用，如轻型机械自爬架升降平台、无外架防护体系、高效吊装机具等。

（5）加强施工提效全过程管理。通过精细化设计，提高设计质量，减少现场变更；利用 BIM 技术进行施工模拟，降低错漏碰缺的比例；提高预制构件的生产质量，合理安排构件出厂运输次序和构件吊装任务；加强生产运输吊装过程的成品保护；加强预留插筋定位质量检查，提高预制构件的安装速度。

（6）推广 EPC 工程总承包模式，打通产业链的上下游，提高沟通协作效率。

## A.3 "提高质量"实施效果调研及措施建议

### A.3.1 "提高质量"实施效果调研

#### 1. 施工质量专项措施

技术措施使用比例（图 A.3-1）：

从质量提升效果方面考虑，调研相关单位对监理驻厂、首件验收、首段验收、淋水试验等技术措施的认可度，认可首件验收的项目占比 71%；认可首段验收的占比 64%；认可监理驻厂的占比 57%；认可淋水试验的仅占比 36%。

#### 2. 现浇与预制构件转化层钢筋定位措施（图 A.3-2）

转换层采用定位措施有利于提高连接钢筋定位精度，降低构件安装难度，提升施工质量。95% 项目采用定位措施，主要采用的定位措施有钢板定位、木板定位等。仅有 5% 的项目未采用定位措施（图 A.3-3）。

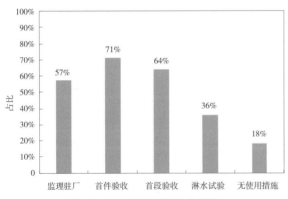

图 A.3-1 提高质量技术措施

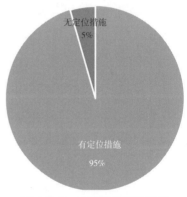

图 A.3-2 采用定位措施比例

图 A.3-3 转换层钢筋定位装置

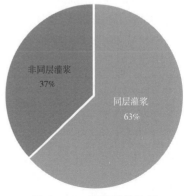

图 A.3-4 灌浆措施比例

### 3. 套筒灌浆方式及质量控制（图A.3-4）

根据调研数据，采用灌浆套筒连接的项目中，63%项目采用同层灌浆，37%项目采用非同层灌浆。采用非同层灌浆的项目，一般灌浆作业面所在楼层与施工作业面所在楼层相隔2~3层。在灌浆实施过程中，会在施工现场采取一定的质量保证措施，如质量员旁站监管、全程拍摄视频等。采用钢丝拉拔或预埋传感器等措施检测灌浆饱满度。

### 4. 预制构件接缝打胶及质量管理

需要打胶项目一般在主体结构封顶之后，外墙粉刷前进行接缝打胶施工。现场检测打胶效果的方法主要有：现场观测法、割胶厚度检测、淋水试验等。部分项目在施工现场会采用拍摄视频的方法来提高打胶质量。

### 5. 预制构件点位预埋复核（图A.3-5）

调研数据显示，54%的项目由构件深化设计单位进行点位复核，主要针对构件的尺寸、钢筋、点位等数据、位置进行复核，机电专业主要针对管线数量和走向排布、线盒预埋位置和深度进行复核。存在的问题基本上在深化设计阶段就得到解决。施工单位和建设单位复核的项目占比较低，均为14%。

### 6. 有效验收手段（图A.3-6）

调研数据显示，被调研单位针对施工质量提升的首选意愿措施主要有：灌浆检测、垂直度检测、监理驻厂、监理旁站、淋水试验、首段验收、拍摄影像资料等。其中灌浆检测占比最高，达到34.4%，可见项目对灌浆套筒施工质量的重视程度非常高。实际项目实施中会采用其中的几种措施同时使用。

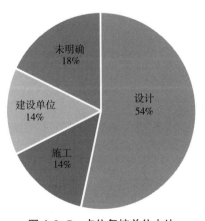

图 A.3-5　点位复核单位占比

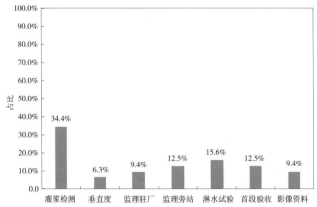

图 A.3-6　被调研单位针对施工质量提升的首选意愿措施

## A.3.2 "提高质量"措施建议

（1）全过程管理

建立设计、生产、施工全过程质量责任可追溯制度。鼓励企业建立信息化管理系统，实现质量控制全过程的责任可追溯。

（2）重要环节质量控制

施工单位和监理单位应加强重要环节的检查。加强现场管理，注意每道工序之间的衔接。

（3）制定具体质量监管措施

针对施工关键工序制定操作标准和验收标准，可制作关键工序样板间，展示灌浆、打胶、支撑、模板、钢筋连接等工艺做法。样板中可将各节点部位分解，还原施工中的常见问题。将详细的施工过程以图片形式与实体样板对照，并说明施工重点，以及质量验收的要点。有条件的可搭设工法楼。

加强检测力度，积极落实灌浆检测、垂直度检测、监理驻厂、监理旁站、首件验收、首段验收、拍摄影像资料、淋水试验等监管措施。

（4）加强人才培养

加强装配式建筑设计人员和产业工人的培养，提升设计人员装配式建筑设计水平和全产业链统筹把握能力，健全装配式建筑工人岗前培训、岗位技能培训制度，提升产业工人的技术水平。

（5）提升项目信息化、智能化应用水平

依据现行标准，实现构件标准化和建筑多样化的统一。加快推进信息化技术的应用，强化设计、生产、施工各环节数字化协同，推动建筑全过程数字化成果交付和应用。构建先进适用的智能建造标准体系，推广数字设计、智能生产和智能施工。鼓励建筑企业、互联网企业和科研院所等开展合作，加强物联网、大数据、云计算、人工智能、区块链等新一代信息技术在建筑领域的融合应用。

## A.4 "减少人工"实施效果调研及措施建议

### A.4.1 "减少人工"实施效果调研

#### 1. 项目工种人员情况

根据调研数据，与传统现浇混凝土建筑相比，装配式建筑项目中钢筋工、混凝土工、木工人员相对较少，增加了装配式相关的工种，如吊装、打胶、灌浆等工种。工种有增有减，工人数量略有节省。使用外墙集成技术、免模免（少）撑技术、高效模板、免拆模板等技术的项目，工人数量减少相对明显。

根据调研数据，装配式建筑各工种年龄一般比常规现浇结构项目年轻化，年龄一般在 40 岁左右。主要原因是装配式专项工种——吊装、打胶、灌浆的工人均需持证上岗，需要经过专门的培训，同时该专项工种的工人薪水也较现浇结构混凝土工、钢筋工略高，与木工基本持平。

调研项目中，打胶操作工人的年龄分布范围为 20~50 岁。调研数据显示，年龄 20~30 岁的占比为 16%；30~40 岁的占比为 37%；40~50 岁的占比为 47%（图 A.4-1）。打胶操作工作强度低，对技术经验有较高要求。

调研项目中，灌浆操作工人的年龄分布范围为 20~50 岁。调研数据显示，年龄 20~30 岁的占比为 18%；30~40 岁的占比为 32%；40~50 岁的占比为 50%（图 A.4-2）。

#### 2. 免模免撑技术

根据调研数据，大部分项目实现免模，部分项目采用预应力双 T 板或 SP 板，实现了免撑或少撑。

如工业建筑——上海宇寰实业发展有限公司扩展厂房项目（图 A.4-3），采用带牛腿的现浇柱、带挑耳的预应力框架梁和预应力双 T 板等技术，实现免模免撑。

该项目现场施工便捷，预制构件吊装方便，与传统的现浇结构（高支模）相比，

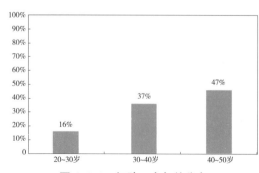

图 A.4-1　打胶工人年龄分布

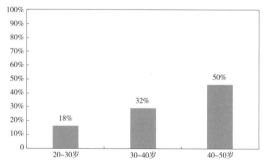

图 A.4-2　灌浆操作工人年龄分布

楼盖大部分预制,实现施工现场的免模免撑,可以节省工期约 40%,现场施工人员减少了 30%。

### 3. 预制构件集成

根据调研数据,住宅项目较多采用窗框、保温、饰面和围护一体化集成技术。预制构件的集成,可以减少外墙砌筑、保温、饰面、窗框安装等工艺,一方面有助于提高质量,另一方面减少了现场工人数量。

### 4. 智慧工地

目前智慧工地一般采用人脸、车辆识别(门禁系统)、围墙防尘(喷淋系统)等措施;部分工地进一步采用无人机航拍、摄像头监控、扬尘监控、塔式起重机监控、BIM 信息化平台、智慧工地管理系统等措施。

其中 BIM 信息化平台可以实现项目信息化管理,确保工地有序进行,进度可控,人工节省。李尔亚洲总部大楼项目(图 A.4-4),采用 BIM 建模实现现场的智慧管理,保证项目有序推进,确保工期。

### 5. 智能建造

根据调研数据,大家对智能建造、智慧工地、建筑机器人等应用前景看好。就现阶段而言,在绑扎钢筋、混凝土浇筑、收光、砌墙、抹灰、铺砖等场景上有试点应用;在预制构件生产流水线上也有一定的应用。

## A.4.2 "减少人工"措施建议

(1)鼓励干法连接做法,推广一体化集成预制外墙,积极采用大跨度预制预应力

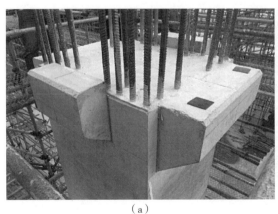 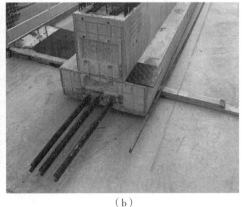

|(a)| |(b)|

**图 A.4-3 免模免撑设计**
(a)预制带牛腿框架柱;(b)预制带挑耳的结构梁

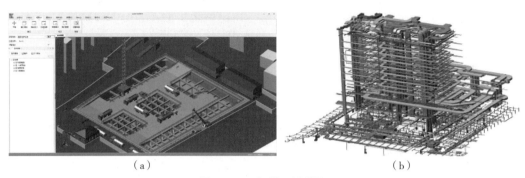

（a） （b）

**图 A.4-4 智慧工地措施**

（a）场地管理；（b）管线综合

构件或组合构件等实现免模免撑施工，减少现场各工种人数。

（2）通过部品部件的工厂化制作减少现场钢筋工、混凝土工、木工等传统工种人员数量；装配式建筑专项工种如吊装、灌浆、打胶等工人需经过专门的培训，持证上岗。

（3）专项工种的培训可采用集中教学＋实操演练、公司集中培训、岗前教育、技术交底、晨会等多种方式。通过培训切实提高工人的效率和施工质量，进而减少人工数量。

（4）利用无人机航拍、摄像头监控、扬尘监控、塔式起重机监控、BIM 信息化平台、机器人应用等措施，积极推进智慧工地建设。

（5）打破传统现浇思维方式，充分考虑装配式建筑施工特点，积极探索新工艺、新材料、新技术、新体系的应用，实现提高效率、减少人工的目标。

## A.5 "节能减排"实施效果调研及措施建议

### A.5.1 "节能减排"实施效果调研

#### 1. 建筑垃圾来源

除与传统现浇混凝土建筑相同的建筑垃圾来源外,装配式建筑的垃圾来源还包括预制构件运输、堆放采用的临时支架,预制构件的成品保护材料,灌浆打胶的包装材料等。

#### 2. 建筑垃圾排放量变化

根据调研数据,所有装配式建筑项目中建筑垃圾总排放量均有所降低,主要原因是由于构件在工厂预制后带来了现场湿作业量的减少,以及集成化设计带来的包装材料垃圾的减少。

#### 3. 装配式建筑标准层与现浇层垃圾排放量对比

调研数据显示,装配式建筑标准层的混凝土、模板、包装材料等垃圾排放量比现浇层的均有所降低,如图 A.5-1 所示。

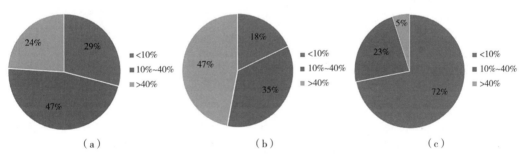

图 A.5-1 装配式建筑标准层与现浇层建筑垃圾减少量对比
(a)混凝土;(b)模板;(c)包装材料

废弃混凝土量减少 40% 以上的项目占比 24%,减少 10%~40% 的项目占比 47%,减少 10% 以下的项目占比 29%。废弃模板量减少 40% 以上的项目占比 47%,该类型建筑主要为工业建筑,采用框架结构,应用 SP 板、预应力双 T 板等技术措施,有效减少模板的损耗;废弃模板量减少 10%~40% 的项目占比 35%,该类项目为常规剪力墙住宅;废弃模板量减少 10% 以下的项目占比 18%。废弃包装材料量减少 40% 以上的项目占比 5%;减少 10%~40% 的项目占比 23%;减少 10% 以下的项目占比 72%。

#### 4. 工地建筑垃圾处理方式

工地建筑垃圾采取集中处理,除部分就地回收利用外,其他垃圾均统一外运。就地回收利用的垃圾占比为15%，统一外运的占比为85%。废弃混凝土部分可回收利用，用作场地回填、临时道路、现场预制构件等（图 A.5-2）。

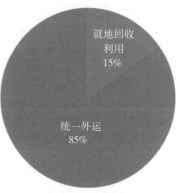

图 A.5-2　建筑垃圾处理方式比例

**5. 主体结构施工现场用水、用电量变化**

与现浇建筑相比，装配式建筑主体结构施工用水量减少，主要由于多数预制构件在工厂加工完成，现场湿作业和构件养护作业减少，所以现场用水量相应减少。用水量减少比例在 10%~30%。

与现浇建筑相比，83% 的装配式建筑项目的用电量减少，主要由于模板制作、钢筋加工、混凝土浇筑振捣等工作量减少；17% 的装配式建筑项目的用电量增加，主要由于塔式起重机起重量和使用频率增加，导致用电量增加。

## A.5.2 "节能减排"措施建议

（1）统筹考虑建筑全生命周期的耐久性、可持续性，鼓励采用高强度、高性能、高耐久性和可循环的材料；提倡采用全装配、全干法、工业化内装等先进技术，减少现场湿作业量。

（2）各专业一体化协同设计，设计、生产、施工一体化运作，减少因各环节错漏碰缺而产生的拆改施工垃圾量。

（3）进一步提高建筑垃圾就地回收利用率。部分废弃混凝土可回收利用，用作场地回填、临时道路等；钢筋、模板、保温板等余料，在满足质量要求的前提下，根据实际需求，可在现场加工制作成相关可应用物料，实现循环利用，减少外运量。

（4）编制现场垃圾处理专项方案，明确建筑垃圾处理目标，提出源头减量、分类管理、就地处置、排放控制的具体措施，建立垃圾处理奖惩制度。加强对原材料、周转材料品质的控制，减少其损耗率。加强对已完工工程的成品保护，避免二次损坏。

（5）促进装配式建筑与绿色建筑、超低能耗建筑的协同发展，助力上海市完成碳达峰和碳中和的战略目标。